IoTビジネスをなぜ始めるのか?

物联网
应用路线图

〔日〕三木良雄◎著

朱悦玮◎译

SPM 南方出版传媒 广东人民出版社
·广州·

图书在版编目（CIP）数据

物联网应用路线图 /（日）三木良雄著；朱悦玮译 . — 广州：广东人民出版社 , 2018. 6

ISBN 978-7-218-12888-7

Ⅰ . ①物… Ⅱ . ①三… ②朱… Ⅲ . ①互联网络－应用－图集 ②智能技术－应用－图集 Ⅳ . ① TP393. 4-64 ② TP18-64

中国版本图书馆 CIP 数据核字（2018）第 102649 号

广东省版权著作权合同登记号：图字：19-2017-139

IOT BUSINESS WO NAZE HAJIMERUNOKA? by Yoshio Miki.

Copyright © 2016 by Yoshio Miki.

All rights reserved.

Originally published in Japan by Nikkei Business Publications, Inc.

Simplified Chinese translation rights arranged with Nikkei Business Publications, Inc.

Through Bardon Chinese Media Agency.

Wulianwang Yingyong Luxiantu

物联网应用路线图

〔日〕三木良雄 著　朱悦玮 译　　　　　版权所有　翻印必究

出 版 人：肖风华

策划编辑：詹继梅
责任编辑：马妮璐
责任技编：周　杰　易志华
封面设计：Amber Design 琥珀视觉

出版发行：广东人民出版社
地　　址：广州市大沙头四马路 10 号（邮政编码：510102）
电　　话：（020）83798714（总编室）
传　　真：（020）83780199
网　　址：http://www.gdpph.com
印　　刷：北京时尚印佳彩色印刷有限公司
开　　本：880mm×1230mm　1/32
印　　张：5.5　　**字　数**：100 千
版　　次：2018 年 6 月第 1 版　2018 年 6 月第 1 次印刷
定　　价：39. 00 元

如发现印装质量问题，影响阅读，请与出版社（020-83795749）联系调换。
售书热线：（020-83795240）

前　言

少子高龄化、地球资源枯竭、新兴国家崛起……随着商业环境愈发严峻，许多企业都开始尝试向新事业发起挑战。但想要在新事业上取得成功，可谓是困难重重，肩负起这一重担的商界人士一直以来都将 IT（Information Technology，信息技术）当作救命稻草。时至今日，这种状态已经持续了十几年。

很多人都认为要想充分地利用 IT，就必须要掌握作为其关键的"技术"。

许多商界人士都将这个词看作是取得成功的关键。诚然，在很多情况下，通过某种技术，我们确实可以做到之前一直做不到的事情。但是，对诸多通过 IT 取得商业成功的人士进行观察与分析之后，我们发现了一个规律，那就是与掌握技术相比，清楚地知道通过技术能够解决什么问题，知道应该如何更有效地利用技术，才是取得成功的关键。

要想熟练地掌握技术，就必须拥有理科方面的基础知识，但要想知道通过技术都能够解决什么问题，却并不需要什么特别的基础知识。方法之一就是对其他公司的案例进行分析。但或许有人会说，只对其他公司的案例进行分析，但自己公司不见得会遇到一模一样的情况，所以这种分析恐怕毫无意义。

本书就非常适合有这种疑问的人阅读。本书除了对当下最为流行的关键词和技术进行解说，还会站在更高的层面上，对关键词与技术所能够解决的问题以及取得的效果具有怎样的特征和方向性，进行非常清楚的分析与解读。通过如此详尽的分析，本书不但可以帮助商界人士解决面对的问题，更可以让相应的关键词和技术成为你解决问题的武器。

本书所选取的主题是"IoT（Internet of Things）"，也就是"物联网"。这一关键词不但经常出现在IT专业杂志上，甚至在电视和报纸上都经常出现。这一领域的应用范围很广，今后将会有相当多的商界人士从事与这一关键词相关的工作。

IT关键词在今后还将不断出现。因此在本书的第一章，我将为大家介绍掌握IT关键词的方法。其中我将为大家展示如何把今后不断出现的IT关键词变成自身武器的方法论。IT是不需要众多资源和人手，就能够取得巨大商业成效的技术。如果通过本书，大家可以不被接连出现的崭新关键词所困扰，并且能够不断地取得最新、最优秀的成果，那将是我最大的荣幸。

目 录

第 一 章

什么是 IoT ——掌握 IT 关键词的方法

1-1 ［从 Cloud 开始的奇幻故事］

　　大约 10 年前，"Cloud"这个词一下子流行起来。"Cloud"翻译过来就是"云"。最早提出这一概念的人是谷歌的原 CEO 埃里克·施密特。他认为通过互联网提供的服务就像是"云"一样。

　　随后，Cloud 逐渐发展成为覆盖整个世界的云层。时至今日，Cloud 已经成为与摆在桌上的个人电脑一样，是信息系统中不可或缺的要素之一。从这个意义上来说，或许与"云"相比，称其为"空气"更为合适。

　　在云热潮流行起来的时候，日本国内诸多与 IT 相关的用户和制造厂商，都不约而同地一起开始了"云究竟是什么""云的关键技术是什么"之类的探索。这是非常耐人寻味的现象。或许是因为很多企业看到谷歌和亚马逊通过互联网服务取得成功之后，也开始思考"我们应该怎样做""我们应该导入什么技术，才能够取得成功"，所以才采取了上述的行动吧。

但正如"云"这个名字一样，"云"并不是看得见摸得着的东西，而是一种通过互联网提供特殊功能的状态。

虽然实现这种状态的"物品"和"技术"确实存在，但并不是说只要将这种"物品"或"技术"导入进去，这种状态就能够自动实现。

更进一步说，如果"物品"是掌握商业活动的关键，那么商业活动就应该由与这种物品相关的技术人员和理科出身的人来负责。但如果"状态"是掌握商业活动的关键，那这就完全是商业活动自身的问题了，是所有商界人士都应该了解和掌握的课题。

此处请允许我再多说两句，云热潮最流行的时候，我正担任某生产企业的技术人员。众所周知，生产企业最基本的商业模式，就是先生产商品，然后进行销售。在一次有众多企业干部参加的会议上，我被要求对云的技术研究做一下解释和说明。当我提到埃里克·施密特对云的定义，说"云既是种服务也是种状态"的时候，听到了其他人的苦笑声。或许对于生产企业的领导来说，他们希望听到的是"云的关键在于服务器虚拟化技术"这一关系到产品的解释吧。

接下来的热潮是"大数据"

在云之后到来的热潮就是"大数据"。"大数据"如其字面意思所示，意味着大量的数据，但这个词流行起来的原因，却是 Salesforce、亚马逊、谷歌、Facebook 等互联网企业的成功。这些企业利用互联网收集到的大量数据取得了成功，所以其他企业也产生了"我们也想用同样的方法取得成功"的心理。

此时也出现了"大数据究竟是什么""要想用大数据取得成功，最重要的技术是什么"之类的讨论。当然，数理统计学和数据库技术都很重要，但并不意味着只要导入这些技术和理论，就一定能够在商业活动之中取得成功。

出于"只有掌握现场才能掌握大数据实际状态"的考量，我在对技术进行研究之前，先展开了"大数据分析"之类的活动。通过这项活动，我发现了大数据成功的关键，那就是业务课题的明确化。为了便于大家理解，我来举一个例子。比如在有经营指标的情况下，寻找是否有提高指标的方法；在问题较多的情况下，先摸索标准的行为模式，然后寻找是否有能够解释说明这些问题的数据。

在对大数据的解释之中，有一种说法是"总之先获得大量的数据，然后在其中就能够找到意想不到的新发现"。这种想法和 20 年前流行的在大数据诞生之前的数据挖掘（Data mining）的概念，有异曲同工之妙。所谓"挖掘"指的是探查金矿脉，数据挖掘就是将为了寻找金矿脉而四处挖掘的行为，延伸到了数据的世界之中。

　　在这里需要注意的是，人们之所以在发现金矿之后会欣喜若狂，是因为知道金子的价值。但如果挖到的是钪，那结果又将会如何呢？这个位于钙和钛之间的元素，以钪钇石的状态被采掘出来的矿物，如果纯度够高，那就是比金子更珍贵的宝石，但恐怕没有人在将其挖掘出来的一瞬间会感到高兴吧（当然，像我这样家里挂着元素周期表，每天都看一遍的技术人员例外）。也就是说，即便到处挖掘，但如果不知道挖出来的东西有什么价值，那么也是毫无意义的。

　　站在科学家的立场上来看，要想发现未知的事实，首先应该进行调查和分析，这才是正确的方法。但在商业的世界之中，不管在任何情况下，目标（知道挖出来的东西有什么价值）都是不可或缺的，这一目标决定了大数据潜在的价值。

"IoT" 终于到来

经过上述的发展之后，人们对"从一切的人和物之中收集数据，然后在互联网上共享，或许能够实现前所未有的奇迹"的期待感空前高涨，"IoT"热潮应运而生。

如果要对"IoT"下一个定义，那就是"将所有物品的数据连接到互联网上，并进行有效利用的状态"。

事实上，这种与互联网相挂钩的定义，是在大数据出现之后才产生的。但在大数据开始流行之前的 1999 年，一个名叫凯文·阿什顿（Kevin Ashton）的人就曾经这样说道："所有的物品都将通过 RFID（射频识别）被赋予一个 ID，使其能够被区分并成为像互联网一样的状态。"这就是物联网的雏形，也是其初期的定义。

不管是哪一个定义，"在物品上附加传感器之类的东西，将其信息通过互联网传递到所需的地方，从而对其灵活利用"这一点都是相同的。但在我看来，更重视物品，也就是着眼点更接近现实世界的初期定义，更值得尊重。（此时我又想起了那些苦笑的公司领导）为什么这样说呢？因为在连接到互联网以及对数据进行处理之前，对存在于真实世界的物品进行识别，利用某种方法将其信息（数据）化，这才是以 IoT 为起点的商业活动的基本，而绝非互联网和 IT。

将现实世界数据化从而改变商业活动的事例，早在电脑出现之前，便已经存在。那就是日本人每天都离不开的大米，大米在大阪堂岛商品交易所进行期货交易。所谓期货交易，就是只以信息进行交易而非现货。大阪堂岛商品交易所早在江户时代就已经开始进行期货交易了，被认为是世界上最早的期货交易市场。

大米是日本人的主食，也是受自然影响较大的农作物。在江户时代，大米以年贡的形式，发挥着能够替代金钱的重要作用。但是，从流通的角度来看，因为大米的产地与消费地相隔遥远，加之大米的重量很重，所以大米属于无法轻而易举地以现货形式被运送到目的地的物资。正如在大阪堂岛商品交易所的官方网站上所记载的一样，在江户时代，被运到官方仓库的大米在销售的时候，会用米票之类的票据来进行交易，最后用这些票据来交换现货。因为天灾无法预判，所以就出现了事先交易米票来规避价格变动风险的方式。这一方式经过一段时间之后，演变成连米票也不用了，而只在账本上做记录进行交易的"账面大米交易"。这就是现在期货交易的原型。关键在于，当大米这种现货被置换成米票这种替代品，甚至只在账本上做信息记录的时候，这种方式就演变成与现货交易目的完全不同的"规避天灾风险""用来投资的期货交易"的类型。

像这样，即便完全没有 IT 技术，通过将现货信息化，将现实世界的一切行为全部信息化，就可以在一个与现实世界完全不同的地方，诞生拥有完全不同价值的商业活动。要想利用 IoT 使商业活动取得成功，首先必须思考的关键问题就是"拥有价值的东西是什么"。

1-2 [IoT 能够普及吗?]

尽管 IoT 是当今话题的关键词，但要作为商业活动之中不可或缺的概念，或者将其技术普及并且固定下来，还存在着几个问题。接下来我将对这些问题进行总结。

1. 信息管理问题

只要商业活动的目的在于获取利益，那么作为其前提的信息，基本上都属于商业机密。如果将企业活动全部信息化，那么就相当于将自己部门的机密在公司内部公开，这样一来，部门领导或许在感受到新商业活动带来的可能性之前，首先会产生出一种对机密公开的抵触情绪。这还只是在公司内部层面上的问题，如果信息公开的程度扩大到企业与企业之间甚至不同国家之间，而且在展开商业活动时必须将一定程度的数据进行共享，那需要跨越的阻碍就更多了。

2. 数据收集问题

用于收集数据的传感技术、将收集到的数据进行传送的网络技术、用来存储这些数据的数据库和数据库连接技术等这些技术，如果达不到所要求的标准，那么就有可能陷入无法取得所需数据的困境之中。不过，诸多技术人员早已意识到这些问题，所以这些都是假以时日便可以解决的问题。

因为 IT 系统的初衷是为了使人类进行的工作效率化，所以通过 IT 系统只能获得与预先设定好的业务流程相关的数据，这反而成了阻碍信息化发展的最大壁垒。另外，就算取得了所需的数据，但是"此数据在其他部门管理之下，因此你无权查看"的情况也屡见不鲜。

3. 业务定义问题

基于"将所有物品的数据连接到互联网上，并进行有效利用的状态"这一 IoT 的定义，只要将对物品（机械）的信息进行管理的多个系统连接在一起，就等于实现了这一状态，但实际上只是单纯地连接在一起并没有任何意义。

以设置街上的摄像头为例。这些摄像头被设置在街上的目的多种多样，不同目的的摄像头分别由不同的系统进行管理。以观测人流和拥堵情况为目的设置的摄像头，是基于掌握和应对拥堵情况这一业务目的而设置的；以安保为目的设置的摄像头，是基于确定犯罪发生的地点和犯罪嫌疑人这一业务目的而设置的。也就是说，不同的摄像头有不同的业务目的。

如果只是制作一个能够将多个摄像头的画面调取出来的系统，并不意味着就产生了一个崭新的业务。在能够同时对道路拥堵状况和犯罪情况进行检测的情况下，最重要的课题是找出这种状态能够产生什么样的新业务。想要灵活利用 IoT 业务时也是如此，首先需要思考的问题是，在使用传感器对物品进行识别的业务与上层系统相融合之后，能够产生什么样的新业务。接下来才是思考具体实现这一目标需要用到什么样的技术。这个顺序是不能轻易改变的。

互联网的普及过程

IoT 又被称为"物联网"，从 IoT 的角度来看，互联网是老大哥。如果想预测 IoT 将如何普及，不妨回顾一下互联网从诞生到今天成为社会基础设施的普及过程。

所谓互联网，就是将不同的网络连接到一起，使数据可以传输到任何网络区域的网络结构。如果用物品配送来举例子，就相当于邮政公司或者快递公司以公司名为依据，将物品送达公司，然后再由公司内部人员将物品送达相应的部门或者收件人的手中。因为在物品上写明了公司名、部门名或收件人名，所以即便在物品配送的过程中，更换了不同的运送组织，物品也一样能够被送达。在互联网的情况下，通过一个名为"Internet Protocol（互联网协议，简称IP）"的结构，可以将数据与地址看作是被放在了同一个信封里，使其能够在不同的网络之间进行传递，将数据传送到世界的任何一个地方。

但互联网并不是因为拥有能够传输数据的结构才得到普及的。互联网的前身——美国的ARPANET（Advanced Research Projects Agency Network，阿帕网）在1983年就已经采用了Internet Protocol。这是30多年以前的事，也就是说早在那个时候，网络就已经具备了传输数据的结构。随着互联网开始应用于商业活动，它就开始以电子邮件的形式在企业之间得到了一定程度的普及，但像今天这样发展成为日常生活必不可少的基础设施却是在那之后的事。

1990年"WWW（World Wide Web）"出现之后，互联网才第一次进入到普通民众的日常生活之中。现在我们常说的"互联网"，指的并不是大量的数据、书籍、图片、影像等形式，而是能够轻而易举地通过网页浏览器看到这些东西。正是

WWW 的出现，使互联网得到了这样的普及。

要想准确地把握互联网的普及过程，不能把着眼点只放在契机和技术上，还需要从经济的角度出发，将对用户行为和互联网所提供的服务都包括在内的社会整体进行分析。对于 IoT 来说，不同企业之间联系起来的"互联公司"这一形态，不可能突然出现，要想使物联网达到和互联网相同的高度，需要让普通民众都成为用户，在应用程序和服务项目都出现爆发性增长的基础上，通过与之相连的商业活动及服务来逐渐实现并普及。

从目前的 IoT 事例来看，面向普通民众的 IoT 和面向商业活动的 IoT 之间，几乎没有任何关联性。对于企业来说，此时面临着两个方面的选择。一个是等待 IoT 普及，先对整体情况完全了解之后，再考虑是否将其作为自己公司的商业活动展开；另一个则是通过自己公司的商业活动为 IoT 普及尽一份力，最终在未来业态之中的某一部分，扮演先驱者的角色。相信在不同的企业文化影响下，企业会做出不同的选择，但从互联网服务的前车之鉴来看，如果不采取第二种选择，那么待 IoT 商业模式成熟之后，再想获得市场份额将是十分困难的事情。

1-3 ［经济成长带来的"技术" —— 巨大的转折点 ］

第二次世界大战之后日本的经济成长，如果从成长率来看，可以分为三个阶段。第一阶段是到 1973 年第一次石油危机为止的"高度经济成长期"，第二阶段是到 1991 年泡沫经济崩溃为止的"稳定成长期"，第三阶段是 1991 年之后一直到现在的"低成长期"。

如果将工业技术的发展与这三个阶段联系起来，那么第一阶段就是通过建筑、土木、冶金等技术稳固国家基础，并在此基础之上，通过机械、电气、化工等使国民生活与经济水平达到一定标准。在这一阶段，日本在继续从欧美导入基本技术的同时，还通过一定的改善，以创造和提高生产效率为目标，不断地改善自身的技术。

第二阶段是稳定成长期，也可以说是日本进一步改善自身技术的时期。目的是让日本的科学技术水平跻身世界顶尖行列，让日本能够创造出不管产品性能还是产品品质在世界范围内都能领先的商品。具体表现为在汽车与半导体产业上，对先进技术开发的大量投入，另外，这一时期日本在信息通信产业也开始追求生产高品质的产品。

在第三阶段低成长期，科学技术与经济之间，尚没有明确的关系性定论。在 IoT 方面，前文中提到的互联网，成为社会的基础设施，网络社会与信息社会已经逐渐形成。另一方面，日本在半导体产业上被新兴国家所取代，信息通信产业的业务重心则从 IT 装置等硬件产品转移到软件等新功能实现的手段上。

但正如日本尝试通过 e-japan、u-japan 等信息通信基础设施，对国家进行整体分析所表现出来的结果那样，尽管物品的充实程度作为基础来说十分重要，但因为在此基础之上缺乏足够可以利用的内容，或者说无法确定使其充实的方法，所以想延续第一阶段和第二阶段工业立国的方法，采取信息立国的战略是行不通的。

互联网的引爆剂 WWW 是软件，在软件领域以创作物品的角度来说，编写程序是没有错误的。在日本，这种情况尤为显著。但是，编写 WWW 程序代码这件事本身，并不是让互联网成为社会基础设施得到普及的主要因素。关键在于让WWW 这一系统为广大的互联网利用者所接受，并且通过公开网页浏览器和服务器的程序代码，使用户能够找到新的利用方法，再通过享受到这一好处的用户之手，使其进一步完善并且继续普及，这才具有非常重要的意义。

由此可见，进入低成长时期之后，信息通信产业不再以物品为主导，而是通过向社会提供新的利用方法和手段来改变社会的行为和结构，也就是说以"新状态"为主导。软件的关键不在于编写代码，而在于将软件所能够实现的状态以服务的形式提供给用户，并且以此来引领社会的发展。从现在的状况来看，说软件等于服务也不为过。

主导者不是"技术"而是"状态"

在这样的环境变化之中，对技术关键词的掌握方法和解释方法，也需要发生巨大的改变。比如美国国家标准与技术研究院对"云"的定义如下：

"云计算是一种模型，它可以实现随时随地、便捷地、随机应变地从可配置计算资源共享池中获取所需的资源，例如网络、服务器、存储、应用及服务，资源能够快速供应并释放，使管理资源的工作量和与服务提供商的交互减小到最低限度。"

由此可见，"云"并没有被定义为某种特定的技术和物品，而是被定义为一种模型，但实际上这种定义也是在不断地变更的。也就是说，关键词并非一成不变，在不同的时间点，应该根据关键词普及的形态（模型）以及社会对其的解释，来归纳总结其类型与体系。

这与以前经济成长期依靠欧美的最新技术来带动制造业发展的形态完全相反，现在是依靠先进的商业模式来带动整个社会变化，而一个关键词就可以概括上述过程的全部主旨。对于此种"状态"来说，技术只是一种实现手段，所以被放在了次席。

大数据也是如此，有人认为数据量越多越好，有人则认为数据不必太多。事实上，这应该根据社会上出现了怎样的事例，这些事例引发了怎样的变化这一"状态"为本质，来进行思考和判断。同样，今后在信息通信领域出现的新关键词，就是社会将在什么领域出现革新的征兆。

综上所述，对于今后出现的关键词，与其去理解这是什么，不如将其作为解决商业问题的契机，自己主动以先驱者的姿态展开行动，这才是最重要的。对于 IoT 也是如此，这种想法与行为的转换，就是能否将其灵活利用的关键。

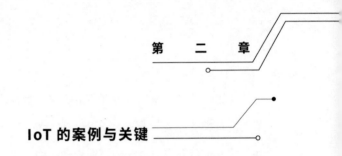

第 二 章

IoT 的案例与关键

在第一章中，我们以应该将 IoT 看作是社会与商业活动中革新的征兆为论点，展开了分析。要想更好地理解这种革新，并且将其活用于自己公司的商业活动之中，对案例进行研究是最简单的方法。但是，如果单纯对案例进行分析，那就只能解决与案例完全相同的问题，一旦遇到变化则不知如何应对。

要想以案例为起点，达到解决自己公司碰到的商业问题以及带动公司全体革新的目的，就必须站在比案例更高的高度上，对案例进行整体的、抽象化的分析。这样一来就可以使通过案例掌握的解决方法适用于更加广阔的范围，并且能够产生更好的效果。在本章，我除了为大家介绍 IoT 的案例，还会对其进行整体和抽象化的分析。

2-1 [IoT 案例的基本形式]

　　在对案例进行抽象化的时候，模板必不可少。所以首先我将对模板进行说明。

　　因为IoT需要从物品之中收集数据，所以肯定有需要输入的数据。然后，有用的结果就会作为信息被输出。在单纯的数据升华成为信息的过程中，必然存在处理这一步骤。如果将输入—处理—输出这一结构看作模板，然后分析各个案例应该属于哪个步骤，并对上述步骤进行整理，就可以使个别的案例逐渐体系化（图2-1）。

　　以最近流行的"运动记录"为例进行说明。运动记录是一种类似于手表或者计步器的设备，具有将人体的运动状况数据化的功能。具体来说，在其设备内部具有加速度传感器、心跳传感器、GPS之类的东西，还能够存储数据，因此可以对佩戴此设备的人的身体运动进行详细的记录。因为这种设备睡觉的时候也可以佩戴，能够记录佩戴者在睡眠过程中翻了几次身，所以佩戴者可以通过这种设备来掌握自身的睡眠情况。

图 2-1　IoT 系统的模板

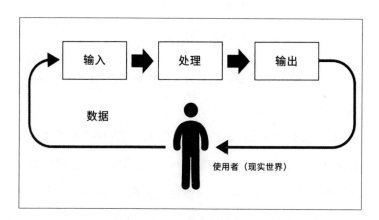

设备记录下来的数据可以通过 USB 或蓝牙传送到智能手机或者电脑上，有的产品还具有将运动记录上传到云端存储的功能。被传送到智能手机或电脑上的运动数据，会被转换为表示运动时间变化以及消耗卡路里的图表。使用者在看到这些图表之后，就能够了解自己的健康状态，并且以此为契机，为了保持自己的健康而改变生活方式。

接下来让我们试着对运动记录的流程，按照"输入—处理—输出"的模板来进行一下整理。"输入"就是加速度和心跳等数据。"输出"就是健康指标，也包括最终的健康生活方式。那么"处理"是什么呢？在这个案例之中，将数据转换为图表的功能就属于处理。

尽管从表面上来看可以这样整理出来，但似乎在其中看不出将冷冰冰的数据转变为有意义的信息的构造。事实上，在这个案例中，最重要的部分在于，设备将使用者没有意识到的数据作为"输入"收集了起来。特别是睡眠时的数据，就连身为数据发射源的使用者都对这些数据毫无记忆，但通过对这些数据进行收集和整理，就产生了"知道原本不知道的东西""看见原本看不见的东西"的效果。这一案例的价值正在于此。

在心理学和社交训练中经常出现的"约哈里之窗"中，有一个"盲点之窗"。所谓"盲点之窗"，指的是关于自我的他人知道而自己不知道的信息。如果自己能够看见这一点，就会使自身的行为产生变化。"看见"在技术上被称为"数据的可视化"，它是 IoT 及其他利用 IT 实现的业务以及生活的改善之中最初的关键。

顺便多说一句，在"约哈里之窗"中，还有一个自己和他人都不知道的"未知之窗"。如果能够打开这扇窗户，那将会发生急剧的转变，但关于这一点不属于 IoT 的范畴，还是让给大数据去做吧。

将 IoT 案例按照"输入—处理—输出"的模板构造，然后找出什么是价值所在，就是本章的主要目的。

2-2 ［IoT 案例的收集与分析］

接下来让我们对真实存在的案例，按照"输入—处理—输出"的模板来进行分类整理。本章所选取的案例，参考了 IT 专业杂志《日经计算机》(日经 BP 社发行) 的特辑文章《物联网全貌 IoT100》(2016 年 1 月 21 日)。除了适当引用《日经计算机》上的文章内容，还参考了所涉及的各个公司的官方报告。

集中力量实现可视化

睛姿（JINS）于 2015 年 11 月推出了一款搭载有传感器的眼镜 "JINS MEME"。

在 JINS MEME 上搭载有睛姿独自开发的三点式电子眼电

位传感器，可以检测出佩戴者眼球周围细微变化的电位，通过智能手机专用的应用程序，对数据进行分析。应用程序会根据佩戴者的情绪以及疲劳状态显示佩戴者的精神状态与身体状态，使原本看不见的状态可视化。——《日经计算机》（2016年1月21日P24）

让我们试着用"输入—处理—输出"的模板，对JINS MEME进行一下整理。

"输入"就是眼球附近的电位差，具体来说就是眼球活动的数据。这部分的关键在于，对于平时就佩戴眼镜的人来说，要想取得这项数据，并不需要追加任何特别的设备。从商业的角度来看，就是不用为了实现新的目的而追加新的业务，只需要在现有业务之中追加一个提取数据的结构即可。另外，在JINS MEME所取得的数据之中，既包括下意识的眼球活动，也包括无意识的眼球活动，也就是说能够取得连佩戴者自己都没有意识到的眼球活动的数据。能够取得没有意识到的数据这一点，可以说尤为重要。

"处理"是对收集到的数据（此处为眼球活动）与身体的活动和状态具有怎样的相关联系进行检测和计算。这部分与其他的医疗诊察装置基本相同。虽然有时候，可能也需要非常复杂和大量的计算，但此处的关键并不在于计算量，而在于明确眼球活动与身体之间的关系，并且将其结果作为处理方法表现出来的"算法"。

"输出"指的是将自身无法客观观察到的精神和身体反应可视化。与前面提到过的运动记录一样，将自身看不见的内容可视化之后，输出就等于价值。将来这些数据或许能够帮助人们检查出干眼症及睡眠时呼吸停止症等疾病。

骊住（LIXIL）也出于同样的目的，提出了"LIXIL IoT House 项目"。

LIXIL IoT House 项目，为了能够给用户提供新的服务内容，在建筑材料和住宅相关设备上，搭载了传感器。在 2017 年竣工的 IoT 样板住宅之中，卫生间的马桶里搭载有能够对排泄物进行检测的传感器元件，可以对用户的健康状态进行检测，使用户的健康状态可视化。——《日经计算机》（2016 年 1 月 21 日 P25）

这一案例也是使自身难以发觉的异常可视化，从而使"输出"等同于价值。

老年人护理

老年人在洗澡和独自生活的时候，因为意外和疾病而导致受伤甚至死亡的情况越来越多。为了减少这种情况的出现，旭光电机开发出了一种浴室使用的护理传感器。

浴室使用的护理传感器设置在浴室之中，可以防止老年人溺水。通过 LED 元件发出的近红外线，可以检测入浴者的姿势和位置，从而检测出入浴者是否溺水或摔倒。——《日经计算机》（2016 年 1 月 21 日 P24）

另外，Sunrise-Villa（注：日本的养老服务机构）通过在室内设置温度、湿度感应器，对老年人的生活进行 24 小时监控的实证实验。

接下来让我们通过"输入—处理—输出"的模板，对上述案例进行整理。

"输入"就是老年人的行动数据。在对人类的行动数据进行收集时，虽然可以在观测对象身上安装各种传感器，但特意在观测对象身上安装传感器比较困难，而且从生活护理的角度上来说，这种做法也不太合适。因此，选用能够在不接触观测对象且与其相隔一定距离的情况下，仍然能够收集数据的传感器尤为重要。

　　"处理"是通过收集到的数据判断出观测对象的实际行动。"输出"只是一个单纯的结果，即老年人是否按照正常的方式生活。但这里需要注意的一点是，获取"输入"数据的地点与"输出"结果的地点之间，必然相隔一定的距离。也就是说，本来照顾者（子女）应该在老人身边照顾老人，但因为与老年人居住的地点相隔遥远，没办法贴身照顾，所以只能借助信息（网络）的力量来克服这种距离障碍。

　　虽然在这个案例中"输出"只是一个单纯的结果，但从价值的观点上来看，"输出"的结果将相隔遥远的距离变为近在咫尺，从而实现了可视化。这也是这个案例的价值所在。

　　除此之外，克服距离障碍实现可视化与看护的例子，还有日本彩虹幼儿园的机器人。这种看护机器人可以对幼儿的体温进行检测。还比如美国的 Snap Trucks，它可以提供对宠物的生存环境和健康状态进行实时监控的服务。上述这些都可以说是在人类原本观察不到的地方实现了可视化。

利用无人机实现可视化

　　西科姆（SECOM）推出了对可疑车辆和入侵者进行监测

的无人机追踪服务。

当镭射传感器侦测到有可疑车辆和入侵者的时候，西科姆无人机就会自动出发进行跟踪监测。对可疑车辆的车型以及颜色、入侵者的体貌特征等进行拍摄，从而为事件的解决提供重要线索。——《日经计算机》（2016 年 1 月 21 日 P25）

一直以来，西科姆都通过固定摄像头，向客户提供安保措施和入侵监测服务，但如果需要监测的场地太大或者可疑人员距离摄像头的距离太远，就很难将可疑人员的体貌特征记录下来。而对于可疑车辆，一旦其移动速度过快，就很难通过固定摄像头记录下车型等重要信息。但是利用无人机进行监测，就可以在侦测到可疑车辆和人员入侵的时候，从上空接近可疑车辆（人员），将图像信息传送给控制中心。

常石造船株式会社和高桥梨园也采用了同样的方式。常石造船株式会社正在对无人机监测进行实证实验，希望将来能够利用无人机对船只的建造进展状况、建筑工地以及起重机等进行检查，还可以在遇到自然灾害时，利用无人机进行信息收集工作。高桥梨园则通过无人机上搭载的摄像头，制作梨园的立体地图，然后根据这张地图对地表温度和农场设备进行检查。

接下来让我们通过"输入—处理—输出"的模板对上述案

例进行整理。"输入"就是无人机在上空拍摄到的影像数据。"处理"则是对影像数据进行一定的分析和整理，基本来说就是将传送来的图像数据做进一步的可视化处理。"输出"就是可视化之后的图像。

上述案例的关键，在于将原本人类无法发现的图像可视化，而且与完全依靠人工相比效率更高，这就是其价值所在。也就是说，无人机的机动力等同于价值。

对状态进行观察

Docomo 共享单车在日本全国范围内开展共享业务，使用这项业务的所有自行车上，都搭载有能够监测其使用状况的信息系统。

被安装在自行车上的信息系统，由加速度传感器、GPS 以及 SIM 卡等构成，能够实时获取自行车的使用状况（是否被租用）以及行驶数据。通过这一系统，可以及时地掌握自行车是否被盗以及是否按时归还等情况。——《日经计算机》（2016年1月21日 P26）

通过这一功能，Docomo 可以掌握自行车频繁行驶的线路以及经常停靠的地点，这就是使用者的行动数据。以这一数据作为基础资料，不但可以对自行车专用道路进行优化，更可以创建一个便于自行车使用者购物、消费与生活的社区。

普利司通在轮胎内侧安装了加速度传感器，可以用来感知和判断路面状况。车载的解析装置可以对轮胎获得的数据进行分析，对路面状况进行"干燥""半湿""湿润""积冰""积雪""压雪""冻结"七种区分。这一判断结果，会通过车内的显示屏告知给驾驶者，从而实现安全驾驶的目的。此外，道路管理事务所，通过实时地把握这一路面状况信息，及时有效地对路面的冰雪情况做出处理。

接下来让我们通过"输入—处理—输出"的模板对上述案例进行整理。"输入"的重点与前文中提到的其他案例一样，都是在人类无法观测（或者难以到达）的地方获取数据。自行车因为是可以自由移动的物体，所以要想收集自行车的数据非常困难，但通过将移动电话的技术与电动助力自行车的电子技术一体化，就可以准确地把握自行车移动时的情况。另外，普利司通轮胎的案例说明，在汽车本身具备高水准的 IT 技术之后，就可以利用汽车自身的优势（能够对路面进行直接观测）来实现数据收集。

"处理"主要以数据的可视化和状态认知为中心。"处理"

的关键在于，不只是将收集到的数据通过解析转换为人类能够认知的内容，还要将机器（这一案例中是自行车和汽车）位于何处、以怎样的状态行驶或者停止等状态都实现可视化。另外，这些机器还能够间接地对使用者的行为和状态进行观测。这些都可以作为"输出"的价值。

制造业——从制作到使用

美国的通用电气(GE) 导入了被称为"工业互联网(industrial-internet)"的 IoT 对策，通过从销售出去的产品收集到的数据来推动自身事业的发展。

GE 公司以燃气轮机与航空引擎等重工业领域为中心，在这些领域的产品上安装传感器，通过独自研发的一个名为"Predix"的云平台来收集数据。收集到的数据，可以帮助客户企业改善自身的业务。——《日经计算机》(2016 年 1 月 21 日 P28)

GE 公司销售的产品搭载有各种传感器，可以通过其独自研发的云平台，收集产品在客户企业中的运行状态。收集到的数据由对产品内容十分熟悉的制造方以及对产品使用状况十分熟悉的客户企业共同进行分析，使客户企业能够以此为依据，找出提高工作效率以及降低燃料消耗的方法等。

另外，在产品的维护零件价格昂贵且特殊的情况下，不管是生产方还是客户企业，都难以每时每刻地保证维护零件的库存。在这种情况下，如果能够对产品的使用情况进行实时的监测，那么就可以准确地掌握维护时间以及所需零件的情况，这样可以削减维护所需的费用，并且避免出现因为维护不及时而导致的停止运作的情况。

让我们通过"输入—处理—输出"的模板对 GE 公司的案例进行一下分析。

"输入"就是从销售给客户企业的产品中获得的数据。以燃气轮机为例，"输入"就是产品运转时的温度、回转数、震动、运转时间等数据。以前这些数据都是由购买该产品的客户企业进行收集。而在 GE 公司的案例中，关键的一点是身为生产方的 GE 也对数据进行收集。这属于远程数据收集，和前面提到的案例一样，是通过互联网实现的大范围数据收集。

"处理"就是从使用同种类产品的多个客户企业之中收集数据，然后对其进行分析。如果是属于社会基础设置的大型仪器，一般来说客户企业都会按照固定的方法使用，使其能够稳定地发挥作用。像这样的产品，如果只对一台仪器进行监测，那么就算出现了和平时不同的数据，也无法确定仪器是否出现了异常。但是如果能够对多台仪器进行总体的监测，就可以根据数据（状态）做出仪器正常与否的判断。

另外，虽然生产商会在产品设计阶段设想出许多种产品的使用方法，但是却无法确认产品的实际使用方法是否在设想内。只有通过大范围的数据收集，才可以掌握产品的实际使用情况，使综合分析成为可能。综合分析比单独分析的精确度更高，可以帮助企业做出更加准确的判断。

"输出"就是发现节能的方法和实现更高效率的维修保养。除此之外，能够帮助客户企业对仪器的运转状态做出正确的判断，也是其价值所在。

对未来进行预测

负责船舶检查等工作的日本海事协会，于 2015 年 11 月开始推出了船舶维护管理系统"ClassNK CMAXS LC-A"。

这一系统首先根据从船舶机关室中的引擎、水泵、发电机等仪器上取得的数据，制作出正常运行状态的数字模型。然后对包括压力、温度、引擎的回转数等在内的数据进行检测。通过对这些数据进行自动收集和与正常状态进行比较，就可以判断出船舶的状态是否出现异常。——《日经计算机》（2016 年 1 月 21 日 P33）

这一系统的推出，使降低运营成本、选择合适的维护周期、提供基于数据解析技术的预防安保信息以及对将来可能出现的故障进行预测等都成为可能。

可果美（KAGOME）对如何灵活利用从葡萄牙农场中收集到的数据信息进行了实证实验。在这项实验之中，通过气象传感器收集气温、湿度、风速、风向、降雨量、日射量等数据，通过土壤传感器收集土壤水分含量和温度等数据。将上述数据与人造卫星和无人机拍摄到的影像数据相结合，就可以根据综合数据对农作物的收获期和收获量进行预测。

让我们通过"输入—处理—输出"的模板，对上述案例进行一下分析。"输入"就是通过传感器获取案例中提到的各种数据。这些都是位于远方或者分散在广阔范围之内的数据，与其他案例相同，都属于人类难以收集的数据。

在"处理"这一步骤中，特别值得注意的是，作为活动对象的物体（例如农作物和船舶用设备仪器）的模型是事先定义好的，或者说根据收集到的数据，事先制作出了模型。而通过将实时数据与模型进行对比，不但可以准确地把握当前状况，还可以对未来的状况进行预测。

也就是说，不但能够把握观测对象当前所处的状态，还可以将目前人类无法把握的状态可视化。"输出"的价值就在于，根据这种可视化的状态以及不受空间的限制而创造出新的价值。

延伸 1

日本兴亚保险公司根据行车记录仪收集到的数据，对驾驶员的行车危险度进行分析。分析结果可以作为客观报告和驾驶改善点为驾驶员提供建议，促进驾驶员安全驾驶。保险公司通过利用行车记录仪监测行车状态，根据分析结果了解驾驶状态以及通过报告和建议来提高行车安全的一系列服务，促进驾驶员进行安全驾驶，最终实现降低保险费的目的。

让我们通过"输入—处理—输出"的模板对这一案例进行一下分析。"输入"就是行车记录仪的影像信息和位置信息。对这些信息进行处理，就可以计算出前进方向和转向方向的速度与加速度，从而判断出驾驶员是否有危险驾驶以及过于消耗燃料的驾驶情况。根据影像数据，可以轻而易举地判断出自车与前方车辆之间的距离，以及"白天""夜间""雨天""晴天""雪道""坡道"等信息。通过了解行驶道路究竟是街区还是高速公路，还能够把握行驶环境的危险度。

"输出"就是行驶的分析结果。保险公司通过提供奖励和降低保险费等手段来促进驾驶员安全驾驶。在这一案例之中，除了最终输出的安全驾驶之外，一系列的连锁过程也值得注意。也就是说，通过改善驾驶员的安全驾驶行为也可以降低保险公司的保险金支出。虽然在最初阶段，保险公司给驾驶员提供行车记录仪需要一定的费用，驾驶员享受这种服务也要缴纳一定的费用，但当驾驶、分析、安全驾驶这一系列的循环成立之后，不管是保险公司还是驾驶员，都能够将事故造成的损失最小化。

像这样，一旦形成"输出"能够对"输入"造成影响的循环，那么就会自然而然地产生最优化的流程。这也是此案例最值得关注的地方。

延伸 2

德国目前正在推进名为"工业 4.0"的项目。包括这一项目在内的与 IoT 相关的一系列活动，被称为"第四次产业革命"。顺带一提，第一次产业革命是煤炭带来的蒸汽机的诞生，第二次产业革命是石油与电力带来的大量运输与生产改革，第三次产业革命是 IT 带来的自动化。而在"工业 4.0"项目中比较具有代表性的模型，就是德国的柏丽公司。

柏丽公司主要为家庭客户提供定制的厨房整体解决方案。因为定制产品都是品种繁多但生产量较少，所以与品种较少但能够大量生产的产品相比，具有生产效率低、产品价格高的缺点。柏丽公司为了降低成本提高生产效率，将从接受订单到生产、出厂的过程全部自动化。简单地说，就是对工厂进行适当的改造，使其能够更适应多样化的订单。

柏丽公司给生产线上的零部件，全都配备了 RFID 标签。这样一来，哪个零部件对应哪个订单以及什么时候生产、出厂全都一目了然。如果订单出现变化，可以根据这些数据，及时地通过 ERP 对生产线发出指示。——《日经计算机》（2016 年 1 月 21 日 P30）

柏丽公司在前期工序中根据订单数据，将所需零部件从原材料之中挑选出来，然后在用于制造个别产品的各个零部件上都附加一个用于识别的 RFID，从而保证后续工序能够自动完成。以零部件输送环节为例，因为每个零部件都能够被识别，所以在传送转换点上，零部件能够被自动地送往正确的地方。由于零部件都被按照一定的规则分配到相应的工序上，尽管不同产品所需的零部件各不相同，但能够灵活变更工作内容的生产线，可以根据产品需求，自动进行不同的组装，从而实现高效率作业。就连最终的完成品配送这一环节，也是自动进行的。

在这一案例中，"输入"大体上可以分为两类。一个是基于订单的定制化厨房设备，这是相当多样化的。另一个是进行组装之前的所有零部件的识别信息。在将用于组装最终产品的零部件从所有的零部件之中挑选出来的同时，就需要给这个零部件指定相应的信息。

"处理"相当于零部件制造、零部件与半成品的运输，以及按照订单要求对组装工程进行自动的调整。"输出"就是各不相同的定制化厨房设备的最终产品。从价值的角度来看，柏丽公司帮助每一位不同的顾客，定制符合其要求的厨房设备，也就是满足了个人需求，同时还能够使定制产品与品种较少但大量生产的产品拥有相同的交货期和价格。

总　结

在保险的案例中，IoT 帮助汽车驾驶员和保险公司双方，找到了一个支付保险金额的最佳平衡点。在定制厨房的案例中，当顾客的需求作为订单输入系统的一瞬间，产品就已经在 IT 内部形成了，然后 IT 会制造出最合适的零部件，选择组装工程。随后只要按照这一信息，让工厂和工人进行工作即可。

　　像这样将各个不同的案例，按照"输入—处理—输出"的模板进行整理，就能够在即便看上去完全不同的案例之间找出共同点。最容易发现的共同点，就是使其能够被看见，即可视化。我认为，通过使不同的内容可视化，进一步提高抽象度，就可以对共同点进行整理。当然共同点不只有可视化。稍微复杂一点的解释就是，可以看作是针对一个目的的控制性处理，反馈到现实社会的人与机械的动作上的结构（图 2–2）。

图 2–2　通过 IoT 控制现实世界

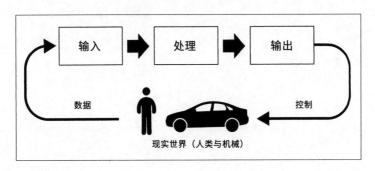

在下一章中，我们将站在更高的视角，对 IoT 案例进行整体的分析，或许可以向读者提供一些将 IoT 灵活利用在自己公司商业活动之中的方法。

第 三 章

IoT 解剖学 —— 框架与蓝图

3-1 [IT 的本质]

在第二章之中我们将 IoT 的活用案例看作一个系统，利用"输入—处理—输出"的模板进行了整理。通过这样的整理，可以清楚地发现潜藏在不同案例之中的共同点。

而根据这个共同点，我们发现的一个关键，就是将现实世界的数据输入到 IT 设备之后，经过 IT 设备的处理加工，使其再次回到现实世界，并且对现实世界造成影响。也就是说，如果能够通过 IoT 从所有的物品之中获取数据，那么基于这些数据，就可以在计算机中创造出一个完全反映真实世界的虚拟世界。这就像是虚拟与现实两个世界的对应一样。

虚拟世界可以通过各种各样的方式对现实世界产生影响。首先需要做的就是将与现实世界完全一样的数据，都输入到虚拟世界（计算机）中去。而需要思考的关键就在于，这样做究竟能够给现实世界带来怎样的好处。

这个时候应该抓住的重点，就是"IT"这一技术的本质。本书的主要目的，是向大家说明如何将以 IoT 为代表的 IT 新概念应用到自己公司的商业活动之中。要想理解这一点，首先必须要理解"IT"这一技术。

那么，IT 的本质究竟是什么呢？我们所接触到的利用 IT 构筑的系统，都以各种各样的应用程序软件的形式在计算机上运转着，让人很难一睹其真面目。但是，只要揭开盖在上面的那一层面纱，就可以发现计算机、网络、存储器这些 IT 基础设备。这些基础设备与人类之间的对比，就是 IT 的本质之一。接下来我将按照计算机、网络、存储器的顺序，依次对其进行分析。

1. 计算机的本质

计算机正如其字面意思所表示的一样，是用来进行计算的机器，但是人类为什么要使用计算机呢？答案很简单，因为计算机的计算速度远远高于人类而且绝对准确。除此之外，计算机只要保证电源供给，就可以将同一种工作永远地做下去。如果让人类一直持续做同一种工作，那么最终的结果不是这个人因为厌倦而辞职，就是频频出现错误。

从上述性质来看，商业活动与计算机之间的关系，就是从将人类的业务转变为程序，并且将其交给计算机来处理的时候开始的。人们为了计算大炮的弹道和对选举投票进行统计而发明了大型计算机，为了让电脑能够更便于使用而发明了微处理器，这一切的目的都是为了提高人类商业活动的工作效率。

但近年来，这种关系却发生了逆转。也就是说以计算机为首的 IT 开始反过来，为人类创造新的商业活动。而在实现这一逆转的过程中，网络的存在尤为关键。

2.网络的本质

网络作为一种传输信息的手段，比人类速度更快，能够传递的距离更远。另外，网络还可以提供一种能够将大量信息同时共享的媒体，这一点人类是难以做到的。克服距离的障碍是社会发展的关键。邮政业务作为克服距离障碍的方式之一，在美国建国的时候就已经出现。高速公路也是克服距离障碍的方式之一。20 世纪初，人类发明了以石油产品作为燃料的汽车，而高速公路也几乎在同一时间开始修建。

更耐人寻味的是，在绝大多数社会服务业务都由民间主导的美国，邮政业务却是政府机构主导，而高速公路的运营费用也由纳税人和联邦政府预算来承担。由此可见，能够将相隔甚远的信息、人以及物资高速地送达目的地，具有多么重要的社会意义。正如"三个臭皮匠赛过诸葛亮"的俗语所说的那样，通过将尽可能多的信息与尽可能多的人之间共享，可能会产生一个人独自冥思苦想完全想象不到的好创意。

最简单的例子，就是像金融交易市场那样，给参与者提供一个可以表达自己意愿的场所。在经济学中，有一个词叫作"网络外部性"，意思是加入网络的人越多，网络的价值和通信的价值就越高。也就是说，尽管网络的使用方法是固定的，但因为在网络上，可以任意连接到同在网络上的任何人，获取网络上的任何信息，所以网络拥有远胜于 1 对 1 连接的价值。

这种思考方法不只适用于通信，还可以扩展到许多服务之中。假设有一个拥有某种特定功能的服务（是否使用 IT 暂且不论）。原本就对这项服务有需求的顾客，当然会自然而然地聚集过来，但如果能够将与这项服务相关的信息尽可能广泛地传播出去，那么很有可能产生在这项服务设计当初完全没有预想到的用途和价值。这就是网络的力量。

我们现在每天都会以各种形式接触到互联网服务，互联网从诞生的那一天起，就是与网络相连的。因此，互联网才能够与其他多种服务相结合，现在互联网的应用范围之广，恐怕已经远远超出了预期。尽管任何服务在创建当初，都需要有人类的介入，但网络服务的功能和使用者扩大的速度远远超出人类社会信息传播的速度，就像是被赋予了自我增值的力量一样。这一点，与将计算机看作孤立工具的 20 世纪是完全不同的。

3. 存储器的本质

在我们的日常生活中，几乎是无法直接看到存储装置的。支持计算机运行的程序和数据，一般来说都存储在内部记忆装置（内存）之中，但如果程序和数据所需的空间过于庞大，就必须用外部装置来进行存储。这种用来在计算机外部存储数据的设备，就被称为"存储器"。

当然，虽然说是"外部"，但并不意味着这种设备一定就在计算机的"外面"。现在几乎所有的个人电脑都是将硬盘和闪存等装在机箱的内部，所以很难从物理空间上区分内还是外。以带有录像功能的数码电视为例，除了内部自带硬盘的产品，还出现了可以通过 USB 接口外接硬盘的型号。这种外接的硬盘，就可以看作是存储装置的基本形态。

存储器的主要作用大体可以分为两部分，一部分是帮助计算机存储大量的数据（对计算机进行维护时，可能需要对数据进行备份），另外一部分就是能够对数据进行长时间的保存。如果将存储器与人类的记忆能力进行比较，目前个人电脑里普遍配备的 1TB（1T 等于 10 的 12 次方）硬盘，就可以将一个人一生中所见所闻的信息全部记录下来。当然，图像解析度越高所需的空间也就越大，如果将所有的影像都以高清的方式存储，或许空间还是不够的。在这里我就是打个比方，大家只要知道个人电脑之中的硬盘拥有这么多的容量就可以了。

想必没有人敢说"我能把关于自己的所有事情都记住"吧。人类的记忆会随着时间的流逝而逐渐淡忘，而随着年龄的增长，记忆淡忘的速度也会越来越快。就算是对记忆力特别有自信的人，要想回忆起很久以前的事情，恐怕也需要很长的时间。而存储装置虽然作为记录媒体具有一定的局限性，但只要维护得当，就能够将信息长期地保存下去。不管是年代多么久远的信息，只要知道其存储的位置，就可以迅速地调取出来，就算不知道存储的位置，也可以通过搜索功能将其找出来。

存储器的优势之处在于，其不但拥有比人类更强的记忆力，还能够将数据保存更长的时间。对于人类来说，如果重要的数据只依靠一个人的记忆力，那么当这个人死亡的时候，数据也将随之消失。就算有下一代的人类诞生，但要想让他们掌握这些数据（包括过去的信息在内的具有一定意义的知识），必须通过学习来培养其理解能力，这就要花费很多的时间。也就是说，人类如果不学习，就无法继承前人留下来的知识。但是存储装置就没有这样的问题，存储装置不需要任何的学习，就可以将社会和人类活动所产生的数据全部记录下来，而下一代的存储装置也能够在一瞬间将这些数据准确无误地继承下来。

IT 在某些领域拥有远超人类的力量，虽然它在某些领域超越人类至今还不到 40 年的时间，但因为其能够长时间地保存数据，所以今后被保存在计算机和存储装置中的数据和信息，将远远大于现实世界所能够存储的数据和信息。

在前文中我们将 IT 分为计算机、网络、存储器三部分，对 IT 的本质进行了分析。而在将 IT 与人类的力量进行比较之后，我们应该注意的是，IT 究竟在哪些方面具有优势（图3-1）。只要明确了这一点，就可以在自己公司的商业活动遇到问题的时候，灵活地利用 IT 来解决问题。

图 3-1　IT 的优势

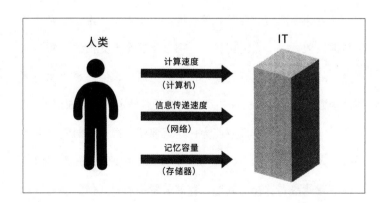

同时，我们还应该认识到的一点就是，一旦将数据输入 IT 的世界，那么与在现实世界相比，数据会更快速、更广范围地被处理和活用。要想知道 IT 会对现实世界产生怎样的影响，最好的办法就是进入 IT 的世界，也就是将数据输入到 IT 的世界，这样一来，新的利用方法就会半自动地自己生成。这也是最近的发展趋势。

3-1 [信息物理系统（CPS）与控制论]

将现实世界与 IT 世界区分开来进行思考的方法，早在 IoT 出现之前就已经存在了。将 IT 与现实世界连接起来共同运作的系统，被称为"信息物理系统（Cyber-Physical Systems）"。"信息"这个词近年来主要用于表述与 IT 相关的事物，"物理"则正如其字面意思所示的那样，代表现实世界。

所谓信息物理系统，就是将现实世界的数据全部输入到虚拟世界（IT 世界）之中，通过对这些数据进行处理，使其在现实世界发挥作用的系统。比如紧急灾害信息系统，就属于信息物理系统的一种。这一系统可以提前检测到可能发生在千里之外的地震和暴雨，然后根据获取的数据，在信息空间中对灾害情况进行预测，从而在灾害发生之前发出避难指示。

离我们更近的例子是可以使乘客掌握公交或地铁运行状况

的系统，也属于信息物理系统。这一系统通过在信息空间中对现实世界的信息进行处理，使乘客掌握车辆运行与晚点等信息，从而提高现实世界的效率。信息物理系统早在 IoT 出现之前，就一直被社会所关注，从这个意义上来看，说 IoT 与近几年来持续受到关注的内容基本相同也不为过。

与现实世界相对的虚拟世界（IT 世界）这一思考方法有一个起源，那就是"控制论（cybernetics）"。现在凡是与 IT 相关的事物，或者由互联网连接的事物，都被称为"信息×××"。

但实际上，原本控制论是包括现在的 IT、机器人工学、人工智能在内的非常广阔的理论。这一理论于 1947 年由麻省理工学院的教授诺伯特·维纳博士提出，是由涵盖通信、控制、机械以及生物的学问体系所组成的理论。

比如"电子人（cyborg）"这个词，就是"生控体系统（cybernetic organism）"的简称，意思是基于控制论的器官。根据这一概念，我们可以将生物行为的原理以及机械（例如机器人），都看作是将输入的信息反映在行动上的系统。也就是说，控制论是尝试将包括物理和化学在内的世界上的一切行为和体制，都用同一个原理来进行解释的科学理论。

以候鸟和洄游鱼为例，这些动物在进行长距离移动的时候，移动的路线并不是从一开始就固定下来中途不能改变的，而是在移动过程中，根据外界条件的变化和自身的位置不断地进行微调，从而使自己能够顺利抵达目的地。而控制论的目的，就是给像这样"系统（可以是机械，也可以是生物，还可以是任何东西）根据从自然界（真实世界）之中获得的信息做出判断，通过对现实世界的行为进行调整，从而实现最终目的"的一系列行动，归纳出一个统一的理论。

这一理论认为，一切都不应该在最初就固定好不再改变，而应该在执行过程中不断修正，从而顺利实现目标。事实上我们的商业活动也是如此，首先设定一个最终目标，然后尝试执行。在执行过程中，要不断地确认前进方向与目标方向是否出现偏差，如果有偏差则需要进行调整，也就是商务人士常说的"PDCA的思考方法"。作为大统一理论的控制论，不但在飞机、汽车等交通领域，作为控制科学、机器人科学以及系统科学得到发展，还在计算机领域成为一切的基础，从对计算机设备的控制到人工智能的操纵界面，到处都能看到控制论的身影。

从这个角度来看，不管我们对"IoT究竟是什么"以及"通过IoT能够做到什么"等这些问题进行怎样的思考和研究，似乎都没有跳脱出控制论的手掌心。像候鸟那样先采取行动，然后根据实际情况不断地进行修正，就是近代系统科学的原理原则。

　　当我们追溯到控制论和信息物理系统的时候，就会发现在 IoT 之中，有一个很容易被忽视的地方，那就是"反馈"。所谓反馈就是基于信息采取行动，行动对现实世界产生影响，影响的结果再作为信息返回，对行动产生影响的一种循环。如果没有反馈，就算能够从现实世界获得信息，也只能继续沿用最初决定的行为模式而无法及时地做出改变，即便行动极大地偏离了目标也无法觉察。也就是说，在包括 IoT 在内的传统技术论当中，除了获取信息之外，还要对信息进行仔细地分析，并据此做出合适的改变，这样才能形成一个完整的体系。

　　如果站在更高的视角，通过整体的思考方法，对 IT 的关键词与潮流进行分析，就能够看到比案例更为广阔的世界。只要能够对案例进行这样的解释和分析，就一定能够找到自己理想中的商业活动形态。一旦发现了理想形态，接下来就是将其落实，并应用到自身的商业活动之中。按照这样的顺序，将新的 IT 应用在自身的商业活动中，就能够在与其他公司的竞争中立于不败之地，成为世界范围内的先驱者与实践者。

3-3 ［IT 世界的轮回］

发表于 1947 年的控制论，竟然和 IoT 也能联系到一起，或许很多读者对此感到有些不可思议吧。但是，像这样相似的潮流反复出现的情况，其实在 IT 行业是很常见的现象。比如 21 世纪初期，就曾经出现过与大数据相似的热潮，叫做"数据挖掘"。

当时人们有两种目的，一种是企图通过收集大量的数据来获得新发现，另一种是想将数据处理应用于自身的业务之中。而最终的结果是，零售业开始利用数据挖掘来制订库存和进货计划。

说起"将计算机应用于业务之中"的热潮，甚至可以追溯到大型计算机诞生的 20 世纪 50 年代，也就是和控制论几乎同一时期。"将计算机应用于业务之中"最初只是以"EDP（Electronic Data Processing，电子数据处理）"的形式，单纯用电子设备对数据进行处理，但到 70 年代便发展成为"MIS（Management Information System，管理信息系统）"，开始朝着事物处理之外的方向发展。

到了 20 世纪 80 年代，"DSS（Decision Support System，决策支持系统）"的出现，标志着计算机已经超出了"以更快的速度从事与人类相同工作"的范畴，进入到"代替人类做人类做不到的事"的领域。前面提到的数据挖掘，就属于一种 DSS。而现在，"SIS（Strategic Information System，战略信息系统）"则作为帮助企业在竞争中获取优势地位的系统而被广泛应用于商业活动之中。IT 发展至今，已经不仅仅是提高工作效率的工具，还成为经营战略中必不可少的工具之一。但是，尽管名字一直在变，内容也越来越先进，但将计算机应用于业务之中的初衷，却是没有改变的。

在人工智能领域也能够看到同样的现象。"人工智能"这个词，最早出现于 20 世纪 50 年代，和大型计算机可以说是同时期出现的。也就是说，在具有一定实用性的计算机诞生的同时，人类就已经开始思考是否能够在计算机上构筑起一个和人类相同，甚至超过人类的智能系统。

最初研究者们的目的，是创造出一个基于形式理论的人工智能，但到了 70 年代，人们发现想要创造出一个能够应对任何情况的人工智能是不可能的。从那以后研究者们便不再追求理想中的人工智能形态，而是以技术开发为中心，将着眼点放在应用人工智能解决相应问题的实现性和实用性上。

利用人工智能在国际象棋和围棋游戏上，向人类发起挑战就是在这一时期开始的。日本在80年代就推行了利用严密的推论方式和多台计算机进行高速处理的人工智能国家项目（第五代计算机项目）。现在人工智能又在全世界范围内掀起了一股热潮，而上一股热潮就是这个"人工智能国家项目"。

综上所述，IoT、大数据以及人工智能，都在过去呈周期性地掀起过热潮。这种现象不只有大数据和人工智能，在IT领域也是随处可见的现象。与其说是热潮在被遗忘之后又卷土重来，不如说在计算机诞生的同时，基本的概念就已经彻底形成，只是因为受当时技术水平的限制，导致其难以实现或者实用化，一旦在其他方面出现新技术或应用形态的潮流，人们就会再次回到原点，对目标进行分析。在特定领域取得成功的案例会确立下来，而那些没有取得成功的领域，则会等待下一次热潮的到来，就是这样一个周期性的现象。

从将新关键词应用于商业活动的观点上来看，当新关键词出现的时候，对其技术细节和案例进行调查和分析，思考如何将其整合进自身业务活动之中的过程固然重要，但更重要的是把握计算机诞生初期的基本理念，根据自身公司想要实现的最终目标，对新关键词的实现性进行验证，然后将其与自身目前商业活动所追求的问题解决能力进行比较，找出"能够从中确实得到什么""应该进行怎样的尝试"。

一旦能够成功地做到这一点，那就不只是"做到大家都能做到的事情"那么简单了，甚至有可能成为"灵活利用新潮流的先驱者"。

不要被现有的 IoT 案例和相关技术所束缚，如果能够站在更高的视角，思考什么是自己本来的目标，就一定能够发现自身的商业活动应该以什么作为目标最为合适。这也是商业活动取得成功的关键。至于目标是否能够实现，则是纯粹的技术问题。技术问题就交给 IT 相关的技术人员去做吧，他们总会有办法的，毕竟 IT 是一个非常"灵活"的技术。

3-4 [灵活利用 IoT 的框架]

在本章的前半部分，我为大家介绍了要想将 IoT 应用到自身的商业活动之中，首先必须了解作为计算机和机器人起源的控制论以及信息物理系统，即实现 IoT 的系统这一概念。

那么应该如何建立信息物理系统呢？首先需要了解的是这一系统究竟由哪些部分和功能组成。在对信息物理系统的构成要素进行分析时，我将这些构成要素的组合称为"框架"。我们必须按照这个框架，来设计适合自身商业活动的 IoT。IoT 框架的构成要素由获取、收集、传送、分析、可视化、模型化、最优化、控制和反馈组成（图 3-2）。

图 3-2 信息物理系统与 IoT 框架的要素

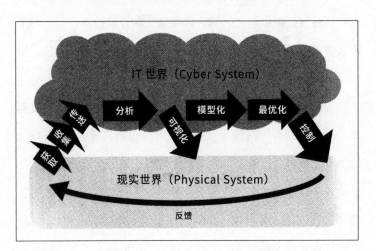

获取、收集、传送

获取就是从现实世界的人和物之中获取数据，相当于前文中提到的传感器，如果没有这部分，就没办法取得数据。所以这是最重要的一环。

获取之后就是收集。传感器获取到的只是单纯的数据，比如压力传感器只能显示出压力值的模拟信号。将传感器显示出的信号转换成数值，或者将位于不同位置的传感器数值综合起来整理成数据，就需要更进一步的处理。另外，因为传感器本身并没有太复杂的功能，所以如果能够使传感器与互联网相连，或者直接将数据传输到云端，那将是飞跃性的进步。但在绝大多数情况下，传感器获取的数据都是被直接保存在现场的，所以需要事先考虑好究竟应该收集哪些数据。

当你在公司里想要获取某个数据的时候，可能会因为没有该部门的权限而无法获取数据，这种情况很常见。一般来说，最简单的数据分析就是只收集相关数据，然后对这些数据进行比较。所以在绝大多数情况下，显示效果的数据都属于经营管理和财务数据，而与改善和分析相关的数据则都是现场数据。企业会将这两种数据分别交给不同的部门进行管理，在现场无法获取详细的财务数据的情况屡见不鲜。但是，公司也可以考虑让现场能够收集财务数据。

接下来就是传送。通过互联网，可以使分散在广阔范围内的数据克服距离的障碍，因为从物品上获取的数据也可以通过互联网进行传送，所以从这个意义上来说，传送是最能够代表IoT 的功能。

分　析

　　数据经过获取、收集、传送的过程之后，绝大多数情况下都被存储在云端。虽然云端分为向大众提供服务的"公共云"以及完全由企业内部系统独占的"私人云"两种类型，但从框架分析的角度来说都是一样的。IT 所能够存储的数据量非常庞大，据说到 2020 年全世界的数据量将达到 40ZB（1Z 等于 10 的 21 次方）以上。但是把全世界所有的硬盘和闪存等存储设备的存储量全都加起来，每年也只能存储几 ZB 而已。也就是说，人类面对的是一个产生数据量远远超出存储数据量的时代，所以必须对应该获取哪些数据并加以存储进行选择。

　　而在选择的过程中，分析尤为关键。既然不能将大量的数据原原本本地保存下来，那将其转变为少量但却意义明确的信息这一过程，就是必不可少的。"分析"这一定义涵盖的范围很广，对存储下来的数据进行检索，并从中选出必要数据的过程，也可以被称为分析。比如将存储于企业财务数据库之中的销售额和利润等数据，整理成报表提交给经营管理人员，帮助其更好地做出判断的过程，一般都被看作是处理。但帮助管理人员做出经营判断的信息，都是从企业每天的活动数据之中提取出来的，如果从这个意义上来说，那就是一个非常完美的分析过程。

当然，除了上面这种日常分析，也有与大数据时代很相称的分析，那就是对宇宙中的 α 射线和 β 射线等宇宙射线进行数理解析，尝试揭开宇宙诞生之谜，找出其中是否有隐藏的信息。也就是说，从原本意义不明的数据之中找出有意义的信息，也是一种分析。

在分析之中最重要的一点，就是获取信息。信息指的是能够帮助人类做出决定的数据。那么从无法帮助人类准确做出决定的"数据"之中，提取"信息"的过程就是"分析"。另外，因为做决定的是人，所以不应该对分析结果抱有过度的期待，比如认为只会得出对商业活动有益的结论之类。那些认为数据挖掘和大数据没有用的人，往往都是陷入了上述的误区。如果能够在平时的工作之中，养成对掌握的数据随时进行简单分析的习惯，那么即便不能立刻发现值得关注的事实，也一定能够通过这些简单分析的积累，提高自身的判断力，从而在关键时刻帮助做出决断。

可视化、模型化

"可视化"也可以看作是分析的形态之一。因为人类的视觉会对其自身的理解和判断产生极大的影响，所以就算数据没有被整理成具体的信息，但只要将"没有数值化的东西数值化""将数值归纳整理成图表"，人类就可以自行从中找出有用的信息。

在绝大多数的 IoT 案例之中，都可以在可视化的阶段对 IoT 的有效性进行确认。因此在考虑将 IoT 应用到自身商业活动之中的时候，将可视化作为目标之一是非常重要的。

但这并不意味着只要向可视化的 IoT 进行投资就万事大吉。因为即便实现了可视化，也无法保证就一定能够从中获得有用的信息。因此，现在与 IoT 相关的活动绝大多数都作为"POC（Proof of Concept）"和"POB（Proof of Business）"的实证实验来进行。

正如前文中提到过的那样，当追溯到信息物理系统和古典的控制论时，为了最终实现对现实世界的"控制"，在虚拟世界制作出一个"现实世界"的模型，是分析的另一个目标。

所谓模型，就是掌握现实世界中存在的一切状态，然后创建出一个能够实现这些状态的物件。以利用无人机对占地面积很大的区域或物体进行观测为例，除了能够看到人类看不见的东西这一可视化要素，还可以在时间上进行持续观测，掌握观测对象的变化情况。只要通过长时间的观测，就可以掌握对象物究竟处于何种状态。

简单来说，就是除了将所观测到的状态全都集中到一起，还要将被观测对象在什么时候处于什么状态都进行整理，这样就能够形成观测对象的模型。或许有的读者一时间难以理解，但这并不是为了方便人类理解的手段，而是为了让虚拟世界（信息空间）理解现实世界的手段，所以对于身在现实世界的我们来说，难以理解也是情有可原的。

最优化、控制

一旦建立起模型之后，就轮到虚拟世界（信息空间）来发挥作用了。因为虚拟世界（信息空间）已经掌握了现实世界的状态以及实现状态的手段，所以自然知道怎样做可以使现实世界变成理想中的状态。也就是说，能够使现实世界获得最理想的状态即最优化。即便同时存在许多种状态，但借助 IT 的力量，人类仍然可以在其中找出哪一个才是最佳的状态，以及实现这种状态的方法和最短、最快的途径。像这样的计算正是计算机最擅长的事情。

然而，即便知道什么是最佳状态，但如果不能使其在现实世界中反映出来，那也是毫无意义。通过最优化得到的解决方案只存在于 IT 的世界之中，还需要通过某种数据来将其导入现实世界。如果这一数据能够被传递到现实世界，并且能够对现实世界进行"控制"，才算是实现了最终的目标。

因为绝大多数的网络都具有双向性，所以用于收集数据的网络也一样能够将数据返回到现实世界。这就解决了如何将用于控制的数据传输回现实世界这个问题。

现在还剩下一个问题，就是传输回来的数据是否能够如同预想中的一样对现实世界进行控制。就像最初从物品之中获取数据的环节必不可少一样，对物品进行"控制"的这个条件也必须得到满足。一般来说，像机器人和交通工具那样，从一开始就搭载有控制装置的设备是比较现实的。

经过虚拟世界再返回到现实世界的控制，拥有比人类个体或单一的传感器更丰富的信息、长时间积累下来的庞大数据以及基于庞大计算量所得出的最优化选择，可以说是升华了的"控制"。当然，IoT 并不需要将所有的数据都传输到 IT 世界之中进行处理。在现实世界进行计算与云计算，是可以结合在一起的。顺带一提，像这样将云端数据集中在身边设备的结构，被称为"边缘计算（Edge Computing）"或"雾计算（Fog Computing）"。

反 馈

对现实世界返回结果之后一切就结束了吗？答案是否定的。将对现实世界进行控制的结果再重新返回传感器的过程也十分重要。工程学将这一过程称为"反馈"，可以说正因为有反馈，包括 IoT 在内的很多事情才有价值。

正如前文中提到过的那样，候鸟飞行的方向和速度并不是在出发时就固定下来不再改变的。就算最初决定了方向和速度，但是在候鸟飞行的过程中，因为受风力的影响，方向和速度都会发生改变。所以候鸟在迁移的过程中，会根据太阳、地球磁场、风景以及记忆等所有信息来把握自己的位置，不断修正路线，最终顺利抵达目的地。

在这个世界上，经常会发生一些我们意想不到的事情，而反馈则给了我们对错误进行修正的机会。要想实现反馈，有两点是必不可少的，一点是对想要控制的东西本身有所掌握，另一点则是拥有知道实际状态与目标之间的偏差的手段。

事实上，获得对错误进行修正的机会，还有更深一层的含义。决定控制方针的根据，是现实世界的模型。如果根据这一模型制定的控制方针总是出现偏差，那就说明模型本身或许存在问题。也就是说，需要根据结果进行修正的不只是接下来的行动，甚至还有可能包括模型本身。

尝试、确认结果、思考、进行下一次尝试这一系列的过程就是"学习"，这也是人工智能的基本概念。就像在现实世界中，也有各种各样的变化一样。只要导入包括传感器、模型、控制以及反馈在内的全部结构，不但可以看见原本看不见的东西，提高工作的效率，还可以创建出一个能够根据实际情况，自己采取行动、主动改变思考方法，使自身适应环境变化的体制。这种能够自动适应环境的行为在世界体系中，被称为"自律"。IoT 的终极目标，就是实现自律。

当我们思考从世间万物之中获取数据究竟有什么好处的时候，如果能够回到计算机与机器人的原点，就会发现前人早已为我们准备好了一套十分完整的理论体系，只要了解了这套理论体系，就有可能取得前所未有的成功。

我们根据信息物理系统和控制论，得出了"获取、收集、传送、分析、可视化、模型化、最优化、控制、反馈"这一IoT 框架。在使用这个框架的时候，关键在于按照"各个要素都分别属于哪些内容""利用这个框架能够解决什么问题""目标是否能够实现"的顺序进行思考。

3-5 [IoT 的发展蓝图]

有了框架之后，我们就可以思考哪些是必不可少的要素，从而发现 IoT 商业的理想形态。但是，谁也不可能一下子就实现最终目标，所以如果从最开始就投资一整套的系统，那风险就太大了。循序渐进才是明智的选择，接下来我就为大家介绍 IoT 的发展蓝图（图 3-3）。

图 3-3　IoT 的发展蓝图

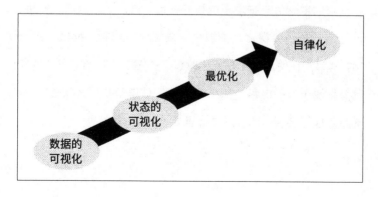

数据的可视化

首先是数据的可视化。在成功地将数据获取、收集、传送之后，只有使其可视化，才能激发出人类的想象力。要想在商业活动中占据优势地位，绝对离不开使数据可视化的构造。

从获取数据的观点上来看，"能够获取之前人类无法获取的数据""能够获取无法直接获取的物理、电子数据""比以前的方法成本更低""比以前的方法效率更高"，这些都可以给商业活动提供帮助。

从收集和传送的观点上来看，针对位于远处或者分散在广阔范围之内的对象物来说，"能够收集到人类无法收集的数据""削减原本需要消耗大量时间的工程所需的时间和成本"，也可以在商业活动中发挥作用。

虽然通过可视化或许可以使我们发现前所未有的创意，但从商业活动的角度来说，还是应该以取得实际效果（降低成本和时间）为出发点，至于发现新创意则应该看作是附加价值或者意外收获，这才是脚踏实地的前进方式。

状态的可视化

通过数据的可视化，管理者可以对员工的工作进行对比，从而提高工作效率。但如果将像 IoT 这样的新潮流只用来提高工作效率，那未免太浪费了。所以在切实地取得成果的同时，还应该思考 IoT 最终能够在多大程度上给商业活动带来帮助。

从这个意义上来说，因为商业活动的区域就是现实世界，所以应该对 IoT 能够对商业活动中所发生的所有状态进行观测验证，如果答案是否定的，那么就应该想办法使其成为可能，也就是"状态的可视化"。

在商业活动之中，确认是否存在"导致机会流失的状态""明显出现无用功的状态"非常重要。比如在很早以前就开始对数据十分重视的零售业会根据销售情况获取"什么商品销量好""库存还有多少"等数据，然后进行"应该间隔多久上一次货，一次应该上多少货"的最优化计算，从而对导致机会流失的状态和无用功状态进行监测。

从无用功的观点来看，断货就是最大的机会流失。如果能够取得销售数据，就能够根据库存情况准确地预测出断货的可能性。如果不能准确地把握销量的急剧变化和为什么会出现这种变化等状态，就可能出现意想不到的断货情况。如果断货的只是普通商品或许并不会造成太大的损失，但如果是十分有发展潜力的商品，那么可能错失的就不仅是眼前的机会，更有失去未来商机的危险。

现在消费者变得越来越多元化，业界竞争也越来越激烈，如果只以现有的顾客作为服务对象，将很难在激烈的竞争之中生存下来。必须在消费者成为自己的顾客之前，就对其进行分析。

仅凭数据很难把握无法满足顾客需求的情况。但通过对影像数据进行分析，可以在一定程度上了解顾客的行为模式，通过互联网上的舆论也能够在一定程度上了解顾客的心理状态，从而把握"为什么顾客来到店里却没有购买商品""为什么顾客拿起商品看了却没有购买"等数据。

像这样不仅把握表面上的结果，还同时把握潜在的可能性，就能够发现自身的潜力。一旦抵达了这一阶段，就可以对"造成机会损失的原因是什么""是否能够避免出现这种情况"等问题进行分析。此外，当你把握了这一状况的时候，即便只是给经营管理人员和相关部门提交一份报告，也称得上是十分重要的贡献了。

最优化

当把握了包括潜在的商业机会在内的绝大多数状态之后，下一个阶段就是最优化。在此之前的状态，都只被看作是结论，但如果能够从时间和空间的角度扩大视野，就可以发现潜在的商业机会。而再接下来，就要从诸多的状态之中找出最能够带来商业优势的状态，并且提出实现这一状态的具体方法。如果能够做到这一点，就可以为经营决策提供极为重要的信息。

比如在近年的商业环境之中，除了对产品的制作方法、材料、销售方法等传统方式进行革新，以"赚取利润的方法"这一商业模型，来决定胜负的情况越来越多。尽管现在乍看起来，似乎有很多种商业模型被提出和实践，但实际上，这些都只不过是大约十种基本模型的排列组合罢了。既然商业模型是赚取金钱的方法论，那么其根本就是所能够提供的价值与支付价值之间的交换，而支付价值远远超出提供价值的商业模型，是不可能存在的。

也就是说，只要将商业活动所处的状态与自身拥有的必要资源都一一列举出来，就可以在信息空间中，对商业模型组合的最优化和收益性的最优化进行模拟计算。

自律化

IoT 蓝图的最终阶段，是为了对现实世界进行"控制"，创造出一个能够让 IT 世界与现实世界同时实现自律的体系。这也是使最优化的商业模型能够按照预想中的状态在现实世界运转的阶段。

正如前文中提到过的那样，在 IT 世界之中创造的现实世界的模型并非都是完美的，在绝大多数情况下，实际效果都与预想的不同。因此，能够发现实际情况与预想目标之间的偏差，并且能够改变计划的体制尤为重要。这就相当于 PDCA（Plan Do Check Action）循环中的"C"和"A"。

从能够对自己的行为进行修正，并且不断进行改变的系统（在工程学领域被称为自律系统），在商业活动中是否存在的观点上来说，这并不是完全无法实现的理论。比如，现在很多商家为了在消费者来店之前就把握消费者的购买倾向，都选择对网络上的舆论进行分析这一方法。但是，因为网络上的发言比较随意，而且发言者的目的并不是向商家传达自身的意见，所以仅凭关键词出现的频率，无法准确地把握市场需求。

特别是网络上的舆论，主要以申述不满为主。如果只看发言次数，或许会得出完全相反的结论。但是，即便在这样的状况之下，只要在统计之中含有对发言倾向和发言意图比较明确的发言者以及商业活动的相关者，还是能够根据这些人的发言（在能够准确把握内容和意图的情况下），观察现实社会究竟有怎样的反应。

从某种意义上来说，这还可以观察出现实社会对控制究竟有怎样的反应，从而把握市场的真实情况。尽管并不是所有的商业活动都可以用这种方法来准确地把握市场状况，或对市场进行某种意义上的控制，但 IoT 的终极目标就是能够对市场或者行业进行控制。

3-6 [灵活利用 IoT 的顺序]

在前文中，我已经为大家介绍了便于大家灵活利用的 IoT 的框架以及 IoT 的发展蓝图。接下来我将对这些内容进行整理，使其能够适用于诸位读者自身的商业活动之中。

IoT 的蓝图是按照数据的可视化、状态的可视化、最优化、自律化的顺序逐级提升的。框架则是由获取、收集、传送、分析、可视化、模型化、最优化、控制、反馈组成。当然，如果对自身的商业活动来说，蓝图中数据的可视化已经足够，那么框架中模型化之后的东西都可以不要。

首先，我们需要画一张表示蓝图与框架之间关系的图（图3-4）。然后进行如下的分析：当实现蓝图中数据的可视化时，自身的商业活动中是否存在框架的构成要素。如果存在，那么各个要素都具有怎样的功能。接下来就是确定自身想要达到蓝图的哪个阶段，然后继续分析与之相对应的构成要素。通过上述分析，就可以把握在自身的商业活动中灵活利用 IoT 的可能性。

图 3-4　IoT 的蓝图与框架之间的关系

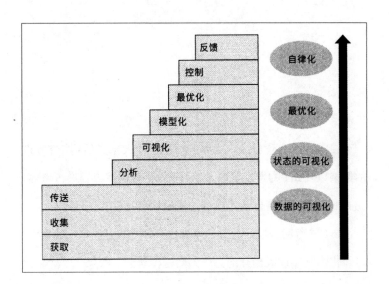

此时非常重要的一点在于，自己一定要对自身商业活动中所面对的各种课题，以及解决之后的状态有清楚的认识。在大数据领域最常见的误解就是，很多人认为随着新技术的出现，商业活动所遇到的问题会自然而然地暴露出来，并且同时得到解决的办法。但像这种如同魔法一样的软件和服务，是不存在的。将 IT 应用于商业环境之中的主要目的，就是解决问题，但如果连问题是什么都不知道，那解决又从何说起呢？

第　四　章

不同业种灵活利用 IoT 的方法

　　在第三章，我为大家解释说明了 IoT 的蓝图和框架，将讨论的抽象度又提升了一步。但要想充分地对 IoT 进行灵活利用，就必须将提高的抽象度再降下来。所以在第四章，我们将是否有真实案例以及是否有技术实现的可能性都抛在一旁，只针对不同业种"利用 IoT 能够获得哪些好处""要想获得这些好处需要做什么"进行整理。因为接下来所介绍的内容，还需要基于前文中介绍过的蓝图和框架来进行思考，所以本章中所说的，既不是真实存在的案例，也不是解决方案。大家只要将其看作是在新 IT 关键词出现时，应该采取什么行动的"思考实验案例"就好。

　　思考实验由以下内容构成。

　　首先是对课题进行整理。在商业活动中，要想找出具有实用价值的答案，关键就在于对面对的课题进行整理。从大课题到小课题，尽可能多地将课题都列举出来，然后思考如果解决了这些问题，在商业活动中能够获得什么好处。如果能够时刻掌握这些信息，那么成功也是唾手可得。但要是反过来，也就是说先掌握方法或者技术，然后再去寻找这些方法或者技术适用于哪些课题，按照这样的顺序，恐怕很难取得成功。

其次是决定解决的等级。根据所能获得的好处，对课题进行分析，可以将课题分为"能够完全解决""建立能够解决的目标""一旦解决将引发革新"几个等级。基于上述信息，决定"能够解决到哪一个等级"的目标。通过 IoT 对"自身商业活动和行业发生了怎样的变化"进行分析，在中长期战略层面上来说，具有非常重要的意义。

最后是针对 IoT 框架的要素，应该与哪些内容相对应以及对实现的可能性进行分析。

按照上述顺序，就可以在 IT 的世界中，对主要在现实世界中进行的商业活动进行分析，明确"应该构筑什么""应该采取怎样的行动"。接下来就让我们以业种为例，进行一下分析。

4-1 [通信业]

通信业也被称为 IT 行业，所以其商业活动很难说究竟是存在于现实世界，还是存在于由信息空间组成的 IT 世界。但有一点是可以肯定的，那就是通信业作为社会基础设施，肩负着十分重要的责任，因为其提供了能够克服时间和距离阻碍的网络功能，所以也是 IoT 极为活跃的行业。

通信业的课题

通信业存在着许多课题。首先是需要拥有数量庞大的通信设备，这也是装置产业普遍存在的典型课题。拥有设备就必须对设备进行维护和保养（CAPEX，Capital Expenditure：资本性支出），运营还需要许多经费（OPEX，Operating Expense：

运营成本）。由于设备分散在非常广阔的区域之中，对其进行检查也需要花费不少的时间和劳力。

对于通信业来说，对新设备进行持续投资是必不可少的。一旦某项功能作为社会基础设施被固定下来，那么随着时间的推移，顾客就会认为这项功能是理所当然的。要想让顾客能够一直心甘情愿地掏钱，就必须以同样的价格提供更加便捷的服务，或者以更低的价格提供同样的服务。这可以说是通信业的宿命。

对于通信业来说，还有一个残酷的现实，就是即便你提供了比之前性能更强的服务，但消费者也不会愿意为此多掏钱。也就是说，就算不断进行追加投资，但收入却不见得会相应地增加。所以如何提高用户平均收益（ARPU，Average Revenue Per User），如何维持销售额，都是通信业面对的重大课题。

如果只从通信功能上来看，对象市场与用户数都是有上限的。这也是一个重大课题。虽然我在第三章为大家介绍网络外部性的时候说"加入网络的人越多，网络的价值和通信的价值就越高"，但不管是以家庭为对象的网络，还是以个人为对象的网络，都受家庭数和总人数的限制，要想在此基础之上获得更多的用户，则极为困难。

所以，尽管将所有物品利用互联网连接起来的 IoT 很值得期待，但同样也需要面对用户不愿支付使用费，以及难以提高网络外部性的问题。因为企业在绝大多数情况下，都很难获得新用户，所以通信业的整体趋势，是收购（M&A）和经营多元化，越来越多的企业都在立足于通信业的同时，积极地向其他领域进军。

通信业的核心是通信业者，而利用通信提供服务的企业，也可以看作是通信业的一员。具体来说，就是提供音乐和影像服务的企业与提供各种互联网服务的企业。这些企业所面对的问题与通信业者所面对的问题很相似，都是在积极增加新用户的同时，提高用户平均收益（ARPU）。但是对于服务型企业来说，很容易出现提供同类服务的竞争对手，而且随着服务内容本身的流行趋势转变，用户的流动性也很大，所以要想留住用户，必须付出更多的努力才行。

综上所述，通信业不但具有装置产业的一面，同时也有服务产业的一面，涵盖范围十分广阔。因此，可以从 IoT 发展蓝图的各个阶段来进行思考。接下来让我们首先从数据的可视化开始，对 IoT 的利用进行分析。

蓝图：数据的可视化

因为通信业的业务是对数据进行传送，所以很容易让人认为在通信业中，可以监测的数据是无限存在的。但事实上，根据《电气通信事业法》第四条的规定，即"（通信业者）在传送数据的过程中不允许窃取秘密信息"，所以通信业者不能擅自监测通信的内容。与此同时，因为通信事业所涉及的地区十分广阔，所以对设备进行维护和保养也并非易事。特别是为了保证通信设备能够正常运转，电力消耗也是一笔很大的开销，要想削减这些成本，就必须对设备的运转情况进行监测。接下来让我们思考一下，通过对通信设备的运转情况和电力消耗进行远距离监测，从而实现成本削减的例子。

首先要根据框架思考，各个内容都应该分属于哪些要素，然后分析实现的可能性。

通信设备大致上可以分为 IT 设备和构造物设备。因为 IT 设备在绝大多数情况下都是由自身输出运转状态，所以不需要特殊配备获取数据的手段。而构造物设备则大多属于办公大楼之类的建筑物以及信号塔之类的特殊建筑物，甚至还包括像光纤这样的通信线路，所以需要获取的数据也是多种多样。

对于建筑物来说，电力消耗量是最容易监测的数据。电力虽然是很便于监测的项目，但很少有人在建筑物的各处分别设置电力监测装置，一般情况下只能对建筑物整体的用电情况进行监测。但建筑物整体的用电情况中除了 IT 设备的电力消耗，还有空调设备和照明设备，这两个也是电力消耗比较大的部分。所以还需要对空调设备的电力和运转情况进行监测，照明设备则可以直接获取点灯时间的数据。

对于特殊建筑物来说，除了监视摄像头和影像数据，通过传感器获取的温度和震动等数据，由维护人员记录的维修记录之类的文档也是非常宝贵的数据。而对于通信线路，因为目前已经拥有利用微弱反射光和远距离监测来进行设备检查的高科技技术，所以这些结果可以直接作为输入数据来使用。这一数据也和其他设备的数据一样，需要与人工检测的数据综合起来使用。

将获取的数据传送到数据中心这一过程，可以说是通信业的老本行，或许很多人都认为这是轻而易举的事情。但要想将分散在广阔范围之内且种类各不相同的数据都收集起来，并不是一件简单的事情。比如前文中提到的那个监测电量的例子，在绝大多数情况下，都无法单独监测某个楼层或者某个装置的用电量，而只能获得整个建筑物的整体用电量。当然，这种问题并不属于在原理上完全无法解决的问题，只要增加一个专门获取数据的电力监测装置即可。

但是，就算增加了电力监测装置，有时候也无法连接到局域网（用于连接企业内部计算机的网络）之中。在这种情况下，就需要准备一个设备专用的网络，然后用一个叫做网关的转换装置，将设备专用网络与局域网连接起来。

另外，将不同部门和位于多个地点的数据集中到一起的时候，数据的格式经常是不统一的。有时候位于各个监测现场的传感器，还有可能被擅自更换。这样的话，就难以判断获取到的数据是否准确。所以在数据收集的问题上，应该建立起一整套固定的体制，比如成立专门收集数据的部门，制定对数据进行一元化管理的规章制度等。

将数据可视化的时候，分析所对应的部分需要进行的处理很少，基本上可以看作与可视化是合为一体的。也就是说，真正意义上的分析，交给将数据可视化之后能看到这些结果的人来进行。

IT 设备输出的数据被称为"日志"，要想将日志中的数值与相关事项进行比较，只要将这些数据整理成图表即可，人类自然可以根据图表的内容做出判断。所以在可视化的前期阶段，必不可少的处理就是通过检索将日志中的关键语句挑选出来。除此之外，还有把握日志内数值的变化趋势，将是否存在超越预设基准值的可能性显示出来并进行追加处理。上述功能只要使用一个叫做商业智能（Business Intelligence，BI）的软件，就可以轻松实现。

对于构造物设备来说，通过将数值化的数据和警报与警告等异常数据图表化，以及对特定信息进行检索，就可以提高监测业务的效率。另外，如果能够在同一个地方对不同种类的数据进行管理，就能够计算出这些数据的相关关系。比如设备的电力消耗与气候数据。基于气候数据与室温数据计算出体感温度，然后通过对体感温度与空调设备的电力消耗、电梯电力消耗、照明电力消耗等相关数据进行计算，就可以对电力消耗情况进行预测。

将人类进行的作业数据化并进行管理也十分重要。一般情况下，人类进行的作业都只能在本地进行监测，但如果能够将这些数据综合到一起，就可以对整体情况进行把握，不但能够发现遗漏，还能够找出不同部门和场所之间的区别，从而获得对维护顺序与项目情况进行改善的线索。

综上所述，在数据的可视化阶段，因为对数据的意义进行理解是位于现实世界的人类的职责，所以在这一阶段并没有发现未知事实的重大飞跃。但是，能够将之前无法同时获取的数据进行比较来发现其中的异同，并且从大量的数据之中挑选出重要的信息，都可以极大地提高人类的工作效率。特别是人类并不擅长发现事物之间的相互关系，但计算机却可以仅凭数字的罗列就发现存在于其中的因果关系，所以人类可以利用 IT 进行分析来发现事物之间的关联性，从而对自身的业务进行改善。

蓝图：状态的可视化

在通信业中，提供内容服务的商业活动以及在店铺中与顾客有直接接触的商业活动，都可以用来解释状态的可视化。

只要是与影像和音乐相关的内容，都可以获得用户的视听列表。在绝大多数情况下，还可以获得用户的性别、年龄等个人信息。在通过网页提供信息服务的情况下，虽然用户的匿名性很高，但仍然可以获得浏览时间、浏览信息的种类、对信息服务的评价等数据。客服中心一般都会对客户打来的电话进行录音，除了预防纠纷，这也是非常珍贵的信息来源。有实体店铺的商业活动，一般会将顾客的要求记录在营业日志上，这些文档都是对商业活动很有帮助的信息来源。通过店铺的摄像头，还可以把握顾客在店内的行动。由此可见，与顾客有直接接触的行业，能够获取的数据也非常多。

对于在线提供服务的商业活动来说，因为商品是通过网络提供的，所以在数据传送上几乎不会遇到问题。但店铺和客服中心因为拥有大量的声音和影像数据，所以很不便于传送。而手头的文档不是手写的笔记，就是被保存在职场的个人电脑里，也不便于传送。在这种情况下，就不能将大量的原始数据全都集中到一处，而应该将各个部门的手写笔记数据化，在部门内部对影像和声音进行前期处理，提取出有用的数据。即便在云存储时代，IT 系统也并非将现实世界出现的所有数据全部直接保存在云端，而是在数据产生的现场进行某种程度的处理之后，再将处理结果传送到云端进行保存。

在对直接从消费者身上获取的数据进行分析的时候，因为最终目的是将消费者按照一定的特征划分为不同的小组，并且以此为依据采取商业行动，所以经常采用统计分析的方法。以提供信息的服务为例，在掌握顾客兴趣爱好与经常视听的内容的情况下，可以利用统计学对顾客进行分组，通过对不同的小组采取不同的对策，可以更有效地提高 ARPU 和续约率。

事实上，这种顾客分析方法在很早以前就已经存在，但有时候对提供内容的分类并不是很充分，在这种情况下就需要特别注意。尽管现在几乎所有提供的内容都已经数字化，可以很简单地以数字化信息的形式获取商品信息，但仍然存在缺乏分类所需信息的情况。在这种情况下就必须依靠人工对内容进行分析，提取其所具有的特征。

在网页上直接提供服务的时候，除了能够获取用户最终购买了哪些商品信息和内容以及浏览记录等信息，还能够获取用户从登入到退出的全部行动轨迹。通过对这些信息以及登录时间点、停留时间等全部行动，进行统计学上的处理，就可以对顾客进行分类。另外，像这样能够将所有行动都作为数据获取的情况下，还可以对顾客虽然登陆了网页但却最终没有进行购买的情况进行分类，从而作为促进销售的重要数据。

对于客服中心来说，顾客的发言（声音）和客服人员的应对等都是可以直接获取的信息。对用户的发言进行声音分析，可以获取其中出现的单词、发言内容以及用户当时的情绪等信息。通过这种分析，可以总结出用户经常咨询的问题，以及应对的标准方法。另外，利用前面提到的网页系统服务的分析方法，对客服的发言和终端操作信息进行分析，还可以发现对于出现的问题应该采取何种对策最为有效，从而实现业务改善。

店铺和营业员的业务日志是改善业务的宝库，但因为大多数是手写的，而且没有固定的格式，所以常常被埋没于员工的笔记本和个人电脑里。如果将这些信息转化为能够解读的文字数据，就可以轻而易举地找出其中频繁出现的单词和集中于某种商品上的顾客需求。

根据监视摄像头的影像，可以对顾客在店铺空间内的行动进行观察。如果影像资料是连续的录像，还可以把握顾客从进店开始的行动轨迹，最低限度也可以对顾客的等待时间和等待时的行为模式进行分析。此外，如果对店员和客服的接待数据之间的关联性进行分析，还可能发现对于以某种目的来店的顾客应该采取怎样的应对方式最好。如果是同时进行销售的店铺，还可以对顾客从进店到购买的行为模式以及进店但并没有购买的行为模式进行分析。

综上所述，只要能够明确数据与数据之间存在的相互关系，就可以使人类有新的发现，而这一切都可以通过统计分析的方法来进行处理。

正如前文中提到的那样，与消费者相关的分析大多是易于被人类理解的要素，即便分析结果是数值的罗列，在绝大多数情况下也都很容易解释。因此，可以认为在分析结束的同时，就实现了可视化。

要想把握商业活动中出现的状态，关键在于是否能够模型化。我们在上一章中已经了解到，能够模型化就意味着输入、处理、输出之间的关系十分明确，即便是未知的输入，也能够对其进行处理并且准确地输出。

事实上，即便不能如此严密地对模型进行定义，只要能够明确输出对输入的因果关系也足够了。此外，当确立了这样的模型之后，就可以认识到"我们公司目前这样的状态会带来这样的结果"，也就是说，创建了一个人类能够对通过 IoT 获得的数据进行判断的环境。

在能够与消费者直接接触的商业活动中，最重要的是把握一个因果关系，即顾客在决定购买一件新商品的时候处于怎样的状态，在当时企业方面提供了怎样的信息或者处于怎样的状态。反之，在顾客流失（解约）或者没有购买商品的时候又处于怎样的状态，在顾客出现这种状态之前有没有什么解决的办法。了解这些关系也是非常重要的。

直接通过网页提供服务的情况下，用户的匿名性很高，经常会出现难以分类的情况。但正如前文中提到的那样，用户访问网页时所做的一切都可以作为数据获取，从而可以得到一个因果关系的模型，即采取了这样行为的顾客最终寻求的是什么样的商品和信息。

另外，因为企业方面提供的信息不是固定的而是可以改变的，所以一旦模型确立之后，就可以主动向采取特定行为模式的顾客提供具有针对性的信息。根据从客服中心和店铺获得的客户的要求事项以及员工的应对方法，可以提取出"顾客不满的地方""造成顾客不满的原因"以及"员工应对方法的好坏"等商业活动细节状态的前因后果。在确立模型之后，就可以客观地对现象和行动进行参照，从而可以简单地将模型套用在其他员工和业务行动上，使好的业务行动得到推广。

蓝图：最优化

使商业活动的状态可视化之后，就可以明确什么样的状态对自身的商业活动不利以及自己追求的是什么样的状态，从而为了达到理想中的状态而对业务进行改善。如果能够在 IT 的世界中寻找最优化之后的状态，并且找出达到这种状态的方法，那么只要明确了商业活动的状态，就可以使最优化的商业活动变为现实。

为了实现最优化，就必须将财务数据也作为获取、收集以及传送的对象。将现实世界的商业活动状态输入到 IT 之中，实际上就是对"当经营数值最优化时，商业活动应该处于怎样的状态"进行自动的计算。

但是，如何让经营信息与商业活动现场的数据，同时存在于同一个 IT 系统之中却是一个问题。在绝大多数的企业之中，获取经营信息的组织（比如财政部门）与获取商业活动现场数据的组织是分开的，而且每个组织，都有各自的 IT 系统。以通信事业为例，实际执行用户管理和缴费管理的系统，被称为"业务支撑系统（Business Support System，BSS）"。实际连接电话线路相当于现场处理的部分，被称为"运营支撑系统（Operation Support System，OSS）"。除了用户的基础数据因为双方系统都需要是共享的，作为经营指标的财务数据库在绝大多数情况下都是独立存在的。

对商业活动的最优化，也就是在考虑销售额最大化和成本最小化的时候，必须创建一个能够对这些分散管理的信息进行一元化参照的环境。

以最优化的目标之一——防止解约为例，通过对顾客的资料进行分析，就能够把握出现什么样的状况会导致解约。同时，还可以计算出对已经达到解约条件的顾客提供多少点数和代金券的优惠能够将其留住。也就是说，能够计算出为了防止顾客流失，需要进行多少投资最为合适。

以设备维护为例，如果能够对设备都有哪些使用状况进行分析，就可以把握设备的使用方法与电力消耗等信息，找出检查与故障之间的因果关系，还能计算出设备维护所需的成本。

　　将各种因果关系与实际产生的成本进行比较，寻找最优化的解决办法，就可以找出哪些部分能够进一步削减成本。比如将室内温度和室外温度进行对比，确认空调设备的运转和设定温度上有没有造成浪费，不但能够计算出什么时候关闭空调比较合适，还可以通过与使用者的入退室管理联动，明确在室内无人时消耗的照明电力和空调电力，从而计算出具体的削减成本的数值。

　　一般情况下，不同种类的设备分别由不同的部门负责检查，而且检查者也不同。但如果能够对检查数据进行一元化管理，就可以找出有哪些项目是能够同时进行检查的，从而提高工作效率。

　　位于野外的设备，一般应该按照说明书和维护手册的要求，按时更换零部件，位于海边和经常遭受阳光直射的零部件，因为老化的速度较快，所以需要稍微缩短更换周期。但是，如果将缩短后的周期应用于所有设备的零部件更换上，就会造成浪费。在这种情况下，如果能够掌握外部气温等关于零部件状态的信息，就可以实现最优化。对于距离较远的设备，可以利用通信线路来获得其运转状态等数据，对这些数据进行分析，可以预知设备是否有出现故障的可能性，从而掌握为了应对可能出现的故障应该准备多少零部件，实现最优化。

蓝图：自律化

基于最优化获得的信息，人类能够对业务进行改善，而 IT 则可以对现实世界进行控制，使商业活动向最优化的方向发展，这也是 IoT 发展蓝图的最终阶段。另外，通过将 IT 世界对现实世界的实际"控制"取得了怎样的效果反馈来看，就可以从某种意义上使商业活动的改善自动地发生变化，从而实现持续且自动的业务改善。

以前文提到过的"防止解约"为例，向具有解约趋势的顾客发送广告邮件进行交涉就是一种控制。根据最优化的方法，计算出最多能够赠送多少点数和代金券，然后将这一数字用邮件告知顾客，就有可能防止顾客解约。但是，因为广告邮件也需要消耗成本，所以还需要根据最优化方法，计算出广告邮件能够取得最好效果的区间，从而获得最高的性价比。要想实现这一点，以反馈的形式对实际取得的效果时刻保持关注，是必不可少的。

对于设备来说，将空无一人的场所的照明设备和空调设备的电源关闭，是最直接也最简单易懂的控制。除此之外，通过高级别的反馈，还可以进一步提高设备的使用效率。以空调为例，空调的最终目的就是让人感觉舒适，所以把握人体感觉舒适与不舒适的界限，这就是关键。如果能够在不侵犯个人隐私的前提下，对人类的行为进行监视和分析，就可以在使人体感觉舒适的同时，尽可能地降低空调电力成本的消耗。同时还可以根据个人的着装情况，来对设备的运转进行控制。

对于像定期检查这种需要人类进行的工作，工作手册之类的文档就是控制信息的实体。尽管工作人员基本上都会按照工作手册上的要求来进行工作，但与固定不变的程序相比，在实际进行工作时人类经常会随机应变，他们会根据实际的状况改变预定的计划。比如工作团队经常会根据当天的团队成员对各自擅长的工作内容进行判断，然后改变工作内容和分工情况。但这就出现了一个问题，那就是类似这样的工作变更情况完全没有被反馈到 IT 世界中。如果没有如实反馈，那么现实世界与 IT 世界之间的信息就会出现偏差。要想以后的每次工作都能够保持效率，最好通过平板等的设备，使工作手册之类的文档在线终端化，与工作过程确认书一体化，这样当工作内容与手册内容不同的时候，变更点就会以数据的形式如实地反映到 IT 世界中。

在这一节，我以通信业为例，给大家解释说明了灵活利用 IoT 的发展蓝图和框架的思考方法。通过上述的事例不难看出，只要搞清楚框架的构成要素都对应哪些内容，就可以对 IoT 进行更好地利用。另外，在发展蓝图的初级阶段和发展阶段，人类可以对通过 IT 获得的结果进行解释，从而实现对业务进行改善的目的。但如果能够实现将 IT 对现实世界的控制与反馈完全连接起来的最终状态，那么不但可以在功能上获得极大的便利，甚至还可以产生在不需要人类干涉的情况下全自动地（自律化）向更好的方向改变的功能。在思考是否能够实现这一最终状态的过程中，IoT 是最具效果的工具。

接下来我将为大家介绍的是对 IoT 期待度最高的制造业，同样也按照蓝图的发展顺序对框架的要素进行整理。

4-2 ［制造业］

　　自古以来，制造业就在生产管理上将数据与制造的关系连接起来，可以说是 IoT 的思考方法最根深蒂固的产业。制造业是支撑各国出口收益的重要产业。而随着全球化的发展，制造业的竞争环境也一年比一年激烈。特别是随着亚洲诸国取得世界工厂的地位，并且将同样的加工贸易制造业模型拓展到世界各地，日本曾经的地位已经被这些新兴国家所取代。在这样的情况下，日本必须以高端科技和产品紧随。作为商业模式的美国，以美国的经济模型为基础，在自身的产品和商业活动中寻求创新，只有这样才能够在全球化的竞争中获得胜利。

制造业的课题

关于制造业的课题，可以从两个视角来进行分析。一个课题是对传统制造业的强化，也就是工厂型课题。在生产成本这个大命题下，追求廉价劳动力的日本制造业，不断在其他国家投资建厂。但是随着这些日本企业投资建厂的国家自身经济实力不断上升，生产成本也随之上升，结果以寻求廉价劳动力为目的而在海外建厂的效果就大打折扣。

在下一个阶段，日本企业需要在投资建厂的国家开拓市场，扩大销售事业，并且对身为母公司的日本所处的位置进行重新调整。在这一过程中，对人、物（产品与零件）、资金等一切资源在全球范围内实现可视化与管理，就是最为重要的课题。具体来说，就是必须对员工、设备、调集、开发、制造、销售、经营等，全都进行全球化的一元化管理。但事实上，想在全世界范围内采用统一的操作方法和思考方法是根本不可能的，所以最终的结果必须是承认地区的多样性，找出适合当地的管理方法。日本的大规模制造业，对于以供应链为主的调集、制造和销售的体系化，可谓是轻车熟路。但现在市场要求的却是在开放的环境下对呈水平状态分散的局部进行动态重组的能力。

制造业的另一个课题，是对顾客管理与市场开发的强化，也就是服务型课题。在传统的制造业模型之中，当制造出来的商品被销售出去之后，就很难再获得与之相关的信息。特别是制造生产资料（原料）的企业，对于自己公司的产品最终会被加工成什么模样出现在市场，以及市场对这些产品有怎样的评价，都无从知晓。另外，即便像电器产品这样的消费资料在被消费者买下之后，除了维修之类的问题，便与制造者再也没有其他的对接点，所以生产企业在商品售出之后，了解产品状况的机会是很有限的。

那些自己的产品在市场上占有领先地位的企业，还可以间接地了解到产品的使用状况。但没有这样产品的企业，就无法把握产品的使用状况，这样不但难以对产品的商业活动进行评价，还难以进行接下来的产品企划和开发。简单地说，对于依靠革新来创造新价值的制造业来说，了解产品的使用情况尤为重要。

因此，制造业开始加强自身的服务型商业活动以及加快IT与制造业相融合的速度。说起制造业中的服务型业务，大家首先想到的肯定是维修保养服务，但这种服务只有在产品出现问题时才会开始。现在生产企业更积极地为客户企业提供服务型业务，不但能够帮助客户解决产品使用上的问题，还能够帮助客户削减成本。在为客户企业的商业活动做出贡献的同时，还会站在客户的角度，准确地把握自己公司产品的问题所在和改善要点。

在工厂型模型中消除系列化，以及在服务型模型中帮助客户企业进行商业活动的行为，都跳脱出了传统制造业的商业模型和体系的框架，具有在开放的环境中获得的创造性。这就是被称为开放性革新的活动潮流，在以前完全没有关系的地方构筑起关系的时候，最重要的就是信息。也就是说，开放性革新是解决现代制造业所面临的课题的关键，而要想取得开放性革新所需的信息，给构成供应链的所有利益相关者创造利益，就必须掌握灵活利用 IoT 的方法。

接下来我将像对通信业进行分析一样，从 IoT 发展蓝图的各个阶段来进行思考，分析如何解决制造业面临的课题以及解决课题所需的框架要素。

蓝图：数据的可视化

在很早以前，制造业为了对品质和供应链进行管理，就开始积极地收集数据。但是，由于这些数据从获取到可视化，全都是以生产线为中心，所以在空间、时间以及物理上，还残留有许多看不见的部分。从空间的意义上来说，对"顾客如何使用产品"这一情况的把握就不够充分；从时间的意义上来说，因为无法及时把握顾客的状况，也很难把握产品的生命周期；再从物理的观点上来看，虽然能够作为个体被识别的东西很容易对其数据进行追踪，但气体和液体却没有一个固定的单位使其便于识别。

如果在产品转移到顾客手中之后，仍然能够继续获得数据，那么就可以通过产品的使用情况，了解顾客或者客户企业的行动。但是，产品被顾客买下之后，产品输出的数据也属于顾客所有，生产企业要想获取这些数据，必须向顾客提供一定的好处作为交换条件。比如在产品保修期内，生产企业可以获取产品的数据，但在产品过了保修期之后，生产企业是否能够拿出足以吸引顾客的好处就是关键所在了。传送也一样，要想将数据从顾客家中或者企业之中提取出来，必须有相应的理由才行。

从空间的意义上来说，还存在 IT 系统的问题。制造业的 IT 系统，从机能上可以分为两大类——一类是进行经营管理的"计划层"，另一类是控制生产机器的"控制层"。一般来说计划层都位于总公司，而控制层则位于工厂方面。但是，工厂里不只有生产线，还需要对从零部件调配到产品出货进行计划立案，制订详细的生产计划，同时对此进行品质管理。

连接计划层与控制层的层叫做"实行层"。虽然看起来，站在经营视角上的计划层与站在生产视角上的控制层，被实行层联系起来形成了一个整体，但从物理角度来说，实行层常常被设置在工厂之中。实行层会按照计划层提供的订单目标或者利益目标，制订生产计划和安排生产管理、出货管理，并且通过控制层来进行实际的生产活动。因此，在制造业中的绝大多数生产企业，位于本企业的计划层，都只停留在对产品出货和成本等经营数值进行管理的阶段，而细节则都掌握在工厂那边，也就是说 IT 系统之间的关系十分疏远。

基于从工厂获取的各种数据进行的业务改善，绝大多数情况下，都只停留在获取数据的工厂。要想基于现场的实际情况对总公司层面的经营进行改善，需要综合多个工厂的数据，但这个数据却难以获取。要想获得这些数据，首先要做的，就是使总公司的计划层数据与相当于各工厂实行层的系统数据结合到一起。只有做到这一点，才能够对从电力消耗的成本到经营最优化的整体情况进行详细的分析。

从物理课题的角度来说，因为流程制造业的生产材料大多是像气体和液体那样难以计算数量的材料，所以为了把握数量需要配备质量计、液面计、压力计等各种传感器。但是从品质管理的角度对精度要求较高的工程，就需要更先进的计量方法。比如搅拌工程，必须对材料的温度等数据进行监测，除此之外，还需要将传感器直接插入材料之中，对黏度之类的数据进行监测。这就需要扩大感知的领域。

在数据的可视化中，人类需要首先看到数据，然后才能对业务进行改善，所以必须能够对数据进行整体的把握。要想实现这一点，就必须将数据以某种形式集中起来，而将数据集中起来的方法大体上有两种。

一种方法是在物理上，将数据集中在公司内部的某一处。最典型的方法，就是由公司内部的 IT 部门准备一个能够将所有数据都存储起来的数据库。这个方法虽然十分便于查阅数据，但是想设计出一个能够随时追加数据的数据库，却并不容易。为了避开这个难题，只能采取在公司内部各个地方，分别创建数据库的方法。但是采取这种方法，结果很有可能最终又回到了数据分散的状态。

另一种方法是在公司内部成立一个专门基于数据进行业务改善和分析的部门，给予这个部门访问相关数据的权限。这个部门的职责，就是准确地提出公司需要改善的方向和方法，只要这个部门运转顺畅，就能够持续发挥其应有的作用。

综上所述，在数据的可视化阶段，关键在于如何在空间上和物理上克服获取、收集、传送的课题。特别是从已经存在于顾客手中的产品上获取数据，对于实现状态的可视化和最优化，是必不可少的。

蓝图：状态的可视化

在状态的可视化阶段，关键在于使业务的所有状态都能够被监测，并且通过对这些状态的比较分析来发现无用功。以前文中提到过的不同工厂的电力消耗量为例，通过对生产内容和所用机器进行比较，可以对同等条件下电力消耗的异同以及产生差异的原因进行调查分析，从而找出改善的方向。也就是说，把握状态和发现无用功，就是通过将产出与投入的关系"模型化"来把握因果关系，从而找出无用功以及平时的业务流程中没有显露出来的状态。

具体来说，就是通过对各工厂的能源消耗情况、生产计划以及气候信息等多种数据的相互关系进行调查，对所得数据进行分析，从而搞清楚消耗多少能源获得多少产量，以及工厂与周围条件之间的关系。一旦明确了投入与产出之间的关系，就可以找出那些不符合标准的情况。

　　一直以来，生产商只会在销售店铺没有库存或者即将没有库存的时候接到订单。如果生产商能够通过 IoT 及时地把握销售店铺的库存情况，就可以了解市场对产品的接纳状况。也就是说，生产商可以通过把握市场状态和模型，预测今后可能出现的订单信息。当然，如果这样做对于销售店铺没有好处，销售店铺也不会愿意公开自己手中的数据。但数据共享带来的好处，是供应链上所有的企业和部门都能够分享。

　　在状态的可视化阶段，将像设计技术和生产技术等这些由人掌握的技术的好的部分可视化，也非常重要。在一般情况下，那些工作经验丰富的技术者所掌握的技术和经验都只有其本人知道，在工作手册上面是找不到的，只能通过带徒弟的方法来进行传授。

　　但近年来，通过对那些经验丰富的技术者的工作影像进行分析，可以找出隐藏在他们的姿势、动作顺序、视线等动作中的经验，从而找出能够对工作效率产生影响的行动。这样一来就可以使工作方法明确化，不但可以用这些明确的方法对工作效率低下的员工进行培训，还可以将其作为数据或文档保存下来，成为整个组织共有的知识财产。

　　综上所述，如果能够知道哪些状态对商业活动有益，哪些状态对商业活动有害，就可以找出通向控制的基本方针。另外，尽管在模型化之中统计分析是极为重要的分析方法，但仅凭统计分析并不能找出解决问题的答案。统计分析只不过是模型化的手段之一，而基于模型应该进行什么样的改善，这是需要我们人类进行思考的问题。

蓝图：最优化

当能够对商业活动的各种状态进行检测之后，就可以不依赖人类的力量，完全由 IT 世界自己来进行最优化的准备。让我们以前文中提到过的那些情况为例，逐一进行最优化的分析。

首先是分散的工厂和事务所的电力，因为生产计划、气候信息（气温、湿度、风速、体感温度、日照时间等）与设备运转之间的关系已经模型化，所以可以根据商业活动的计划值，计算出究竟需要多少能源。在缴纳电费的时候，将实际消耗的电量与计算出来的结果进行比较，就可以找出无用功较多的事务所，采取对其进行改善或者对合约进行修改等对策。

在利用火力、太阳光和风力等新能源自行发电的情况下，对所需电力进行预测就显得尤为重要。因为电力是难以存储的能源，如果发电量超出了需求量，就会造成发电经费的浪费。在利用太阳光发电的情况下，为了平衡日照时间与所需电量，有时候还需要准备蓄电池以及其他的备用发电方法。除了电力能源，生产活动必不可少的水和重油之类的能源也能够计算出理想的预算值，从而使执行以削减成本为目标的计划性业务成为可能。

将工厂的实行层系统与总公司的计划层系统紧密地结合到一起，就相当于在总公司和工厂里建立起一个信息物理系统，总公司方面属于信息系统，工厂方面则属于物理系统。

在工厂实现自动化的时候，还没有云这个概念，也没有与其他地方实时共享数据的概念。因此，最初在工厂里，除了控制层和实行层，还包括一部分的计划层，也就是说确立了"一切都在工厂里解决"的系统形态。但是，近年来，除了控制层对生产机器的直接控制，其他几乎所有数据的管理和分析都可以拿到云端或者总公司来进行处理（当然，为了应对停电和网络故障的备份系统是必不可少的）。当能够将企业活动的整体情况全都转移到 IT 世界的时候，就可以利用 IT 那远远凌驾于人类之上的强大计算能力，实现最优化。

通过网络还可以克服范围分散的问题。比如需要同种零部件的工厂分散在各地，生产同种产品的工厂也分散在各地的情况下，如果突然出现零部件不足、产品不足或者生产计划变更的情况，要想进行调整往往需要好几天的时间。如果总公司能够实时地对所有工厂的生产量进行管理，就可以及时地将零部件和产品从有剩余的工厂调配到不足的工厂去，从而实现整体最优化。事实上，当出现突发性的需求变更时，负责生产的工厂往往难以应对这种变化，但如果总公司能够完全把握销售情况，就可以从整体的角度解决问题，从而避免商业机会流失。

IoT 基于将现实世界的所有活动全部数据化的思考方法。虽然将人类的知识和经验数据化是一项难度极高的课题，但对于像组装这种工作顺序相对固定的作业，要想从中找出人类的经验点还是有可能实现的。事实上，在人类对自己的工作过程进行分析时，往往不会去解释工作内容的意义，而是采取列举法和暂停观测法，将工作内容分解，对时间的使用方法进行详细的分析。

从获取和收集的观点上来说，IT 也能够做到同样的事情。如今 IT 不但可以通过影像获取人类的行动信息，还能够对人体的某个部位做出了怎样的行动进行实时的解析。尽管 IT 可能无法完全理解工作的内容，但却可以快速地分析出人类花费了多少时间进行了什么工作。通过让新员工和老员工一起重复多次同样的工作，利用统计学对整个工作过程进行分析，找出其中是否存在工作手册上没有的细节操作，以及这些细节操作对工作的顺序和消耗时间等有怎样的影响，这样就可以找出哪些工作需要交给老员工去做，哪些工作可以交给新员工去做，以及这样的工作应该按照怎样的顺序来进行才是最有效率的。最终，可以将新发现的操作项目加入到工作手册里，从而使工作人员能够更进一步提高自身的工作效率，也就是将人类发现的最优顺序，在其他人之间推广开来。

如今，"改善"已经成为制造业的代名词。以从生产到回收的时间最短化为目的，以库存最小化为指标的"Just in Time"等方法广为人知。但事实上，因为客户的上游工程存在不确定性，所以计划生产与库存是必不可少的，而如何提高预测精度，就是决定胜负的关键。

通过 IoT 将现实世界的活动导入 IT 世界，就可以摆脱实际的时间和空间的束缚，即在空间上能够把握工程的前状态，在时间上根据过去的实际情况制作出每个工程的订单模型，最终摆脱"库存越少越好"的单一尺度，站在全体收益性的角度思考最优化的库存量，并且以此为基础制订出生产计划。

综上所述，制造业通过 IoT 拓展视野实现最优化，可以使一直以来进行的改善得到更进一步的发展。但是，如果这种优化不能与顾客联系起来，那就只能停留在传统路线的延长点上，而不能实现质的飞跃。

蓝图：自律化

到目前为止，制造业利用 IoT 进行的改善几乎都停留在最优化的阶段。但如今美国通用电气提出的"产业互联网"，以及德国政府提出的"工业 4.0"，都将服务这一从来没有被制造业当作商品的内容定义为商品，寻求与作为产品用户的顾客共享数据的方法。就像在最优化阶段所做的一样，如果能够获得在制造工程之前的订单工程的信息，就可以让整个生产工程都更加优化。也就是说，在以反馈的形式将顾客企业的需求和预定作为信息获取的同时，还能够以节能运转和利益返还的形式，让顾客获得实惠。

尽管现阶段人们追求的目标还只能称之为"最优化 + α"，但只要通过 IoT 发展蓝图和框架进一步拓宽思路，就一定能够发现通往下一阶段的道路。一般情况下，单一用户在使用产品时，只会用到其中一部分的功能，所以要想掌握更全面的数据，需要获取大量用户的使用数据，这样才知道应该对哪些功能进行改良，哪些性能需要继续加强。

如果对这一状况进行更加深入的思考，还可以发现产品在送到用户手中的时候只不过是半成品。只有根据用户的使用情况不断对软件进行改良和升级，产品才能变成真正的完成品。事实上，现在很多工业产品都像计算机一样，通过软件来实现诸多功能，甚至可以说只要更换一下软件，就可以使其变成另一个产品。

也就是说，产品在出厂阶段只完成了一半，等用户的使用情况以数据的形式反馈回来之后，生产企业就可以根据产品的实际使用情况，进行节能优化和保养优化，从而使根据用户的使用习惯向其提供最适合的使用方法和软件的"制造服务一体化"成为可能。这对于通过产品开展商业活动的用户来说，就相当于生产企业为其提供了"特别定制"的产品和服务。

一直以来，制造业的改善重心都放在削减成本和缩短时间上，但将顾客信息加入到价值链之后，就可以进一步扩大改善的对象范围。具体来说，就是将范围扩大到与价值链相关的所有企业。这也可以说是由 IoT 带来的价值。

4-3 ［零售业］

零售业与制造业一样，从很早以前，就对数据的获取和利用十分重视。但是，从日本国内市场来看，很多从业者都由于人口减少导致的增长率持续低迷、管理与经营成本过高以及利润率太低等原因而深感苦恼。虽然从全球化的角度来看，随着亚洲人口增长率的提高，零售业的市场将会得到进一步的扩大，但由于日本国内事业的利润率低下以及早已习惯了个体经营等原因，零售业也和制造业一样，鲜有在海外市场取得成功的事例。

在这样的状况下，因受日本人口高龄化趋势的影响，零售业所需承担的责任也发生了变化，而这种责任的变化，就是零售业面临的课题。

一个是原本由数量或价格决定的购买行为转变为由安心和安全决定。另一个与制造业的发展趋势相同，零售业不仅要提供商品还要提供服务。具体来说，就是零售业需要提供商品的生产、销售、配送的一条龙服务，通过将商品卖给消费者，获得消费者的认可，从而向其提供一条龙的服务。比如超市业者介入农业，药品零售业介入家庭护理，便利店不但提供订票服务还可以下载音乐，这些都是对行业进行了扩大。

还有一个很大的发展趋势，就是电子商务（EC）的普及。虽然电子商务是通过电话和互联网进行的在线销售，但除了一部分生鲜食品，电子商务几乎涵盖所有的商品。电子商务的普及极大地改变了零售业"顾客来到店铺购买商品"的基本体制，实体店甚至有可能变成只是用来让顾客确认实物状态的展示店。

从商业习惯的观点上来看，加工食品有"三分之一规则"的说法。也就是说批发商和零售商只会订购没过保质期的三分之一的商品，销售期间占保质期的三分之一，消费者买到手之后商品还剩下三分之一的保质期。通过这一规则，可以防止那些即将过期的商品仍然在市场上销售。但在这一规则的影响下，零售商会把即将过期的商品废弃或者退回给批发商，批发商则会将商品退回给生产商，结果可能会造成大量的退货或废弃，从而造成浪费。

　　另外，在给规模较小的店铺供应新鲜度较高的商品时，普遍采用的是高频率少量配送的方法。这样一来，不但要提高送货的频率，还会因为要经常给送货车准备货物以及将商品摆放在货架上而增加工作时间和成本。

　　尽管面临着如此严峻的课题和环境的巨变，很多零售业者仍然没有通过对商品代码的规格化和在购买时对商品进行管理，来推进商业活动的数据化，甚至还将上述课题看作是自身的优势。要想解决零售业存在的课题，必须和制造业一样，将从商品制造者到零售业者的流通效率进一步提高，纠正错误的商业习惯。同时，构筑起一个能够深入理解消费者需求、行动以及购买意愿的体制也十分重要。

　　随着电子商务的普及，在实体店购物的形态与在线销售的形态被完全分离开来，因此，建立起一个既能够通过电子化对顾客进行了解、对商品的新鲜度和品质进行管理以及对配送和流通等问题都能够进行深入挖掘，同时又可以将这些要素组合到一起的整体流程十分必要。

　　像新鲜蔬菜和即食食品之类的生鲜商品，需要在实体店中进行严格的管理，而日用品则可以通过电子商务更加方便地进行销售，今后零售业需要思考的，就是如何将 IoT 灵活地应用在这些领域。

蓝图：数据的可视化

适合实体店销售的商品，包括像生鲜食品之类保质期比较短的商品以及服装等需要亲自试穿的商品。从数据的可视化的角度来说，像农产品和海鲜类产品，因为受自然条件的影响较大，所以对产量只能有一个大概的推测，更难以对个体进行准确的识别。此外，由于对需求方的需求量无法进行定量的把握，这样从结果上来说，对商品数据的可视化从数据的获取阶段就难以实现。不过，即便无法取得准确的数据，仍然可以获得一个大概的数据，从而掌握何时、何地、何物、何量。如果消费者能够看到这个数据，就可以做出是否购买的判断。剩下的课题就是当消费者决定购买的时候无法立即提交订单，还需要有一个将商品从产地交到消费者手中的相当于中间人的功能。关于这部分的功能，我将在最优化中为大家详细介绍。

对于需要确认实物的商品来说，比如服装的尺寸、药品的详细规格等，都是可以非常直观地获取的数据。另外根据顾客来到店铺之后都浏览了哪些商品和提出了什么要求，就可以获得顾客的数据。一般来说，只要将业务日志和会员卡的信息数据化，就可以通过数据化使商品与顾客之间的关系可视化。

当拥有了上述数据之后，就可以省略传送的过程，直接通过分析，使顾客与商品之间的关系可视化。还可以对"什么样的顾客喜欢什么样的商品""什么样的顾客试穿了什么样的商品后却没有购买"之类的情况进行分析。像这种明显存在接待过程的商业形态，可以沿用一直流传下来的许多种分析方法。另外，如果将店员信息也数据化，还可以分析出什么样的顾客由什么样的店员接待更有效率。

对于电子商务来说，如果顾客不注册成为会员，就无法获取顾客信息。但只要顾客过去的购买履历被作为数据保存了下来，或者顾客通过互联网在网页上浏览的商品信息并且进行过购买行为，那么顾客搜索了哪些商品，经过哪个网页找到了自己想要的商品等信息，都可以作为数据获取。

通过这些数据，甚至还可以对"浏览了很多，但最后什么都没买"的，也就是只看不买的状态进行监测。另外，通过销售网站，可以获取商品的库存状态以及进出货状态等数据，根据这些数据能够对哪种商品销量好以及目前的流通状态进行比较分析。从数据获取的观点来说，零售业属于比较容易获取和收集的行业。

蓝图：状态的可视化

虽然数据的可视化比较容易，但要想更进一步将商业活动的状态，特别是通过对顾客的购买欲和需求都处于怎样的状态进行分析，使其可视化就没那么容易了。不过电子商务因为能够获取详细的顾客行为数据，所以能够把握以下的状态。

首先，如果顾客在有明确购买意愿的状态下打开网页，那就会通过商品名检索或者点击页面上的商品分类，直接抵达想要商品的购买页面。随后的行动就是对商品进行判断，比如对品质和价格进行分析、与同类商品进行对比等，最后做出购买或者放弃购买的决定。也就是说，不管顾客最终是否购买了商品，都可以根据他的一系列行动，准确地把握影响顾客购买的要素究竟是什么。

在实体店的情况下，如果顾客将自己的要求明确地传达给了店员，那么也可以获取相同的信息。但如果顾客没有表明自己的需求，就只能通过在商品上搭载传感器或者通过摄像头的影像，来对顾客挑选商品时的行为进行分析。即便如此，想要准确地把握顾客的状态，仍然是十分困难的。但对电子商务来说，即便顾客处于购买意愿比较薄弱的只看不买的状态，仍然能够在某种程度上，把握顾客购买与不购买的决定以及做出决定的过程。

当顾客通过互联网浏览网页的时候，可以很容易地获取网页上刊载的商品种类以及顾客浏览网页花费了多少时间等数据。如果一位顾客并没有用商品名进行检索，而是浏览了许多商品分类的网页，那么这位顾客就不是在寻找某种商品，而很可能是处于只看不买的状态。

将采取这种行动的顾客，在每个页面停留的时间与页面跳转的顺序作为数据获取，与顾客最终是否进行了购买的行为相关联起来，就可以找出行动与购买之间的关系。基于上述分析结果，实体店也可以通过对购买意愿不是很强烈的顾客的行为进行分析，把握顾客最终究竟是购买还是放弃购买的状态。

要想解决在本节一开始提出的那些零售业面对的课题，零售业就不能只停留在作为将产品从制造者转移给消费者的连接点这一层面，而要成为一个对制造者和消费者都能够实现必要机能的组织。具体来说，就是能够对商品做出准确的评价，在出现问题时，能够作为中间人进行调节。

不管是实体店还是网店，都能够听到顾客的声音（好评和差评）。对于消费者来说，将意见反馈给销售方比反馈给制造方更简单，对制造方来说，通过销售方可以了解到消费者的意见和自身的产品与其他公司产品的区别。

从零售者自身来说，其他消费者提供的意见，可以作为顾客做出判断的依据，从而促进销售。像这种顾客的声音，虽然也可以通过顾客在网络上的发言获得，但从消费者对商品本身存在的意见和购买之间的相关性来看，在顾客对零售者提出的意见之中，显然含有更多有用的信息。

如果对顾客的言辞进行分析，找出哪些单词出现的频率高，哪些单词相互之间的组合比较频繁，就可以搞清楚究竟发生了什么以及造成这个结果的原因和前提条件，从而理解商品与顾客的状态。如果能够灵活利用这些功能，零售者就可以成为制造者的市场营销员，发现潜在的客户。这一观点在最终阶段的控制和反馈层面上，具有非常重要的意义。

蓝图：最优化

IoT 就是将现实世界发生的一切在 IT 的世界中以数据的形式再现出来。而其最终目的，是基于最优化的结果，使现实世界的活动达到最理想化的状态（如果没有 IT 世界的帮助仅凭现实世界无法实现这种状态）。从这个意义上来说，电子商务可以说是将现实世界的销售活动几乎全部转移到 IT 世界进行的终极形态。

然而并非所有的商品都适合通过电子商务来进行销售，像农产品和海鲜等生鲜食品就适合在实体店里进行销售。正如之前在提到数据的可视化时说过的那样，农产品和海鲜产品属于供给面和需求面都难以详细数据化的领域，只能对供需平衡进行大致的调整，所以很难对 IT 进行利用。

但是，如果能够把握全国范围对农作物和海鲜产品的需求，那事情就大不一样了。一般情况下，农作物和海鲜产品都是根据最近产地的产量来设定价格进行买卖的。如果能够在捕鱼船和农田的收获阶段实时地收集到产量数据，并且将这一数据在全国范围内共享，就可以获得比局域交易更多的机会。这样做还可以防止价格暴跌和废弃损失。

像即食食品之类的食物，也被认为适合在实体店中销售。对于生产即食食品的企业来说，只能是提前很短的时间来采购原料。因此生产企业几乎无法让实际产量和需求完全平衡。最典型的例子，就是雨天和晴天顾客的出行情况完全不同，如果在经销店打烊前还不能将商品卖完，就只能降价处理，以尽可能地减少损失。不过近年来，天气预报的准确度越来越高，甚至可以对未来一周之内的天气变化进行高准确度的预测。另外，由于风力和湿度的预测精度也得到了提高，所以还能够准确地预测出体感温度。

如果能够对体感温度进行预测，就可以根据体感温度对人体代谢产生的影响，计算出人类对不同食品的需求度。比如体感温度上升超过一定程度的话，冰激凌的销量就会提高，如果体感温度继续上升，那么冰棒将会取代冰激凌变得更为畅销，也就是说根据体感温度的上升和下降，来把握哪些食品有市场需求。使用这样的预测方法，可以对未来一段时间的食品销售情况进行高准确度的预测，从而使商业活动的机会损失与废弃量最小化。

根据电子商务的访问信息，可以对某种行为模式的顾客，最后究竟会购买还是不买以及究竟会购买什么商品等情况进行预测。如果对这种状况进行更进一步的分析，还可以发现向没有购买意愿的顾客提供什么样的信息可以促使其最终做出购买的决定。

对于实体店来说也一样，如果能够把握购买意愿较低的顾客为什么没有购物就离开了店铺，以及店内的商品与进入店铺的顾客的需求是否存在偏差之类的情况，就可以对商品的种类和配置实行最优化，从而达到提高销售额的目的。如果能够实现这种高准确度的需求预测，那么针对前文中提到过的为了减少店铺库存而采取的高频度少量配送问题，就可以确定在什么时候配送多少商品最为合适，虽然可能使店铺的库存相对增加，但从整体上来说，却能够将运输成本和货物整理成本都降到最低。

对于零售业来说，只要能够确定需求与供给的数据，就可以获得物流最优化的模型。一旦实现最优化，就可以将这个模型通过计划和指示的形式，反映到现实世界之中。虽然仅凭人类的计算和想象，无法达到最优化的程度，但人类只要能够把握需求与供给之间的关系，就可以知道在商业活动之中获得收益的方法。在探讨如何拓展商业活动范围这一问题的时候，自然而然地就会采取通过与相关业种和行业进行数据连接来实现商业合作或者收购等战略。

以前文中提到过的农作物为例，如果在全国范围内都有大型超市连锁店进军农业，就可以根据全国各地的需求情况，结合当天或者当周的收获量以及自身的运送最优化选择来决定农作物的价格。与信息被按照地区和业种分隔开的状态相比，这种状态可以实现收益性更高的商业活动。在这种情况下，因为从生产到销售的整个过程都由一个企业承担，所以还具有免去中间商的效果。

同样，如果能够获取位于流通渠道下游的需求者和消费者的信息，也可以使位于上游的商业活动实现最优化。比如医药品零售业与家庭护理业相结合，就可以把握什么时候什么顾客需要什么品种的医药品。根据这些信息来制订进货和送货计划，可以使商品流通率得到极大的提升。

蓝图：自律化

对于零售业来说，最根本的模型是流通模型，数据的获取、收集、传送、分析、模型化、最优化都比较容易实现，其结果也能够反映到现实世界之中。目前零售业的诸多事例，都是上述这些层级的改善，但通过对框架之中的控制和反馈进行分析，还能够实现更高层次的 IoT 利用方法。

到目前为止的思考实验，我们的前提都是针对需求来进行生产和销售。接下来我们可以设想一下，将生产和销售方的数据向需求方公开，由需求方来实现生产与销售的最优化。也就是说，设想一个"反馈"完全形成，在 IT 的世界之中不只有需求方的模型，还有生产和流通、销售等所有模型的状态。

当需求方积极地提出需求，而多个零售者都对这一需求做出回应的时候，就能够实现与以产品和流通为起点的价格完全相反的最优化。这就是所谓的"逆向拍卖（Reverse auction）"。一旦所有的数据都被输入到 IT 的世界之中，要想实现这一点并不困难。通过对交易内容和价格导入动态系统，可以根据需求方和供给方的意向来形成一个市场。虽然现在大型零售商和价格比较于网站提供的服务起到了类似的作用，但只有在需求方的信息确立下来之后，才能够实现上述的终极状态。

但现在有一个问题是，普通的消费者往往难以承担起投机商的职责，所以在这种情况下，供给方可以提供多种类的商品组合，供需求方进行选择，积极地从需求方处获取信息。

从结果上来说，2016 年 4 月开始实行的电力自由化，就是这种形式。也就是说消费者不仅仅是单纯地对电费价格进行比较，还需要将与电力一同提供的其他服务内容和优惠政策全都考虑进来，然后决定究竟选择哪一家电力公司。在前文中，我为大家介绍了在流通渠道中与上游或者下游业者合作的模型，如果能够进一步加强与其他业种和其他商品的合作，那么就可以通过对组合商品的定义，积极地向需求方提供需求与价格之类的信息。

从目前来说，这一阶段的其他事例还比较稀少，但可以考虑在便利店旁边设立电动车的充电桩，这种形态可以同时提高便利店的销售额和充电桩的利用率。希望今后类似的组合，不是只以便利性作为唯一的目的，还要能够发展为互补、共存、共赢的关系。

4-4 [教育领域]

　　到目前为止，在教育领域鲜有灵活利用包括 IoT 在内的 IT 的案例。尽管在教育领域，为了提高教学效率而将 IT 作为教学工具使用的情况逐渐增加。但不管是提供教育的教师还是接受教育的学生都是活生生的人，所以要想将他们的行为和感情数据化，然后根据这些数据来对教育进行改善，可谓是困难重重。但是，从广泛培养人才的角度考虑，IT 在教育领域能够发挥的作用也十分值得我们期待。更关键的是，教育领域是迫切需要通过某种办法来加强国际竞争力的领域。

教育领域的课题

　　很多人都认为教育领域最大的课题，是少子高龄化导致的学生数量减少，但实际上在此之上，还有一个更重要的课题，那就是如何培养出能够引领未来经济发展潮流的人才。从日本整体的角度来看，随着劳动年龄人口减少，仅凭单纯的劳动力难以维持日本的国际竞争力，更谈不上增强，所以这是一个亟须解决的课题。

高等教育重视课题发现能力和问题解决能力，但传统的知识、技能、思考力、判断力、表现力等教育也同样重要。这两种教育并不矛盾，有必要使其融合到一起，然而实际上想实现这种融合却并非易事。

学校在承担着向学生传授知识与能力的责任的同时，在学生的生活问题上还面临着校园欺凌和学生拒绝上学等课题。对于这些问题，仅在学校这个物理空间中思考原因和对策，很难找到解决办法，必须从人权和生命的根源处进行思考才行，是绝对不能无视的重要课题。

因为教育领域存在上述这样的情况，所以必须同时追求多个各不相同的目标。而且与追求眼前的目标相比，更应该重视的是未来对社会的贡献。此外，由于在教育领域需要观察的是每个人日常的生活状态，所以与制造业和零售业相比，要想实现可视化更为困难。

但本书讨论的内容，并不是因为能做到所以才去尝试，而是未来有这样的发展趋势，在搞清楚应该怎样做之后，思考接下来如何将其实现。基于这样的观点，接下来让我们按照 IoT 的发展蓝图来进行一下思考实验吧。

蓝图：数据的可视化

在教育领域最明确的数据之一，就是成绩。在升学和选择教育内容的时候，成绩是必须进行参照的重要数据。但是，成绩诞生的过程，却几乎完全没有数值化。这里说的过程，并不是给出成绩的过程，而是学生为了取得成绩而进行学习的过程。在绝大多数情况下，学习行为与成绩之间都存在着相关性。比如"用功读书成绩好""成绩好的学生用功读书"之类的关系，都是成立的。因此，要想以提高学生的成绩为目的，积极地展开教育活动，就必须把力量集中在"如何让学生用功读书"这个问题上，但是要想对学生究竟学习了多少内容进行定量的把握，却是十分困难的。

一个方法是利用 IT 仪器来做试卷或进行小测验，根据取得的分数来把握学生究竟对知识理解到什么程度。通过对分数进行比较，观察学生在班级内部的排名变化情况，就可以间接地把握学生学习的努力程度。

这种方法最重要的就是当场评分、当场判定，否则就难以维持学生的学习欲望。如果布置了作业，但几天后甚至一周后才回收，那么学生的学习欲望就会减退，无法对学生的学习状况进行准确的监测。只有当场对学生的反应做出判断，才能够了解真正的状况。在获取这些信息的时候，可以使用智能手机的统计系统、平板和个人电脑的问题系统等。

不只学生那边的数据，教师这边的数据也难以获取。虽然可以通过摄像头录下教师授课时的情况，但要想了解其中都包含有哪些信息，就需要对影像资料进行分析，而凭借目前人类所掌握的认知技术，还无法进行如此高难度的分析。如果未来能够实现电子化教学，可以通过个人电脑或者电子黑板来获取与授课内容相关的信息。

此外，由于教育领域的数据都在人身上，所以如何收集也是个问题。以学生为中心收集数据的时候，要想把握每个学生所接受的教育内容是十分困难的，基本上可以说是除了学生本人之外，其他人完全无从得知。当然，学校会向学生们提供一份搭配合理的课程表，但对于学生们实际上所获得的教育情况，只能通过各科目的成绩来进行横向比较，而这种比较是有局限性的。

对于教师来说也是一样，尽管各个教师都负责哪些课程一目了然，但事实上对于"教师都传授了哪些信息"这一数据没有任何的记录。要想解决这些课题，在对数据进行收集时，就必须将学生或教师以个人为单位，对其在一定时间段内学到或传授了什么数据，进行记录与整理。

在数据的传送问题上，存在"应该将个人的教育履历集中在什么地方"的课题。在学校上学的时候，这些数据理所当然地都由学校来进行管理。但等学生毕业之后，这些数据就都转移到了个人手中。从让每个人都能够成为对社会有益之人的目标考虑，学校间联合起来，对教育信息进行管理是最理想的。如果更进一步从 IoT 最终的普及形态考虑，我甚至希望能够将包括教育信息在内的人生记录全都实时地记录下来。

蓝图：状态的可视化

因为在教育领域缺少电子化的活动数据，所以对 IoT 发展蓝图的进化讨论只能停留在想象的层面上。不管在学习效果、生活状况还是社会贡献等方面，要想把握学生处于何种状态，关键在于通过本人以外的信息来进行确认。

虽然想完全地把握主观情况十分困难，但通过"是否能够判断现在处于什么位置"这一侧面分析，还是可以把握学生的当前状态。这就是将目标学生的数据与其他多数学生的数据进行统计学比较而加以分析的方法。

将这种可视化的学生状态交给教师与父母，就可以基于人类的判断，对学生进行有针对性的指导。最基本的信息，就是成绩表信息。首先从理科和文科的分类开始，对各科目的分数变化情况进行观测，就会发现学生现在处于下降状态还是上升状态，从而能够分析出今后的发展趋势。

从更贴近生活的角度来看，在学生每天的学习之中，给其创建一个能够及时且详细地把握自身状态的体制，尤为重要。从这个角度来说，电子游戏的存在不可或缺。或许有人认为将教育和游戏相提并论不太合适，但游戏有一个优点，就是玩家一行动立刻就会产生结果。

有些游戏会根据玩家取得的成绩，改变游戏的等级或者玩家的状态。如果将这种机制应用到学习当中，那一定能够取得十分显著的效果。只要有一个对学生每天的学习进展情况做出相对的评价，使学生能够切实地感觉到自身水平的体制，就可以使学生的学习积极性得到提高。不过这种做法也有一个弊端，就是如果学生在自己并不擅长的领域，可能会出现即便努力学习，也难以获得提高的情况，结果使学生产生挫败感和自卑感，因此需要具体问题具体分析。

在生活状况方面，如果只限定于学校这个相对封闭的空间之中，可以通过摄像头的影像和人流传感器的数据，来把握学生与教师们的行动趋势，甚至还可能大体上把握个别对象在学校集团中所处的位置以及立场。至少在教育机构内部的问题上，IoT 提供了一个将监测上升到分析的机会。

蓝图：最优化

从数据的可视化经过分析之后，到达状态可视化的阶段，学生、教师以及学校的大致情况都已经明确，将教育活动和生活行动都数据化，并且集中到个人身上后，就可以在 IT 的世界里创造出学校的模型。只要在模型中找出各个单位之间的数据交互，明确在获得什么数据的时候会出现什么样的行动这一规则，就能够对现实世界的情况进行模拟。尽管想要找出最优化的答案需要将诸多要素关联起来，这在技术层面上来说实现起来有一定的困难，但通过对诸多情况进行模拟，最终一定能够发现实现最优化的条件。

如果能够创造出一个虚拟的教育空间，就可以针对每一个学生做出"提供什么教材最有效"的判断，也就是实现了因材施教。通常在提供个别指导的时候，负责授课的教师也需要做具有针对性的准备，但目前想完全做到个别对应是比较困难的。如果能够通过电子化对教材内容进行相应的调整，那么至少可以在教材的层面上做到个别对应。

个别对应在升学和就职的时候也十分重要。学校的录取条件以及企业的招聘条件等信息的数量十分庞大，要想将这些信息全部获取，消化吸收之后再根据学生自身的条件给予合适的指导，在目前的条件下是难以实现的。现在学生都只能根据自身的成绩、性格诊断以及录取和招聘方的选择基准，来决定自己的未来。

从最优化的观点来说，教师与学生的搭配也是最优化的对象。如果能够掌握教师与学生的数据，就可以分析出将教师和学生以什么样的形式组合可以取得最优化的学习效率。基于分析结果尽量将合适的教师与学生进行搭配，就可以最有效地向学生提供其所需的教育内容。

蓝图：自律化

因为在教育领域连可视化都没有得到充分实现，所以设想对现实世界的控制以及反馈都具备之后"能够实现怎样的状态"也很困难。不过，因为 IoT 具备横向的数据收集能力，所以如果对最终形态进行设想，应该可以获得"对社会有用的人才是什么人才""毕业后活跃在社会各界的人才能够取得怎样的成果""与教育的目标产生了多大的偏差"之类的反馈。

尽管信息交流在如今的体制中也很流行，但信息之中却存在着非常浓重的组织的痕迹，而且在信息传达的过程中，也需要耗费很多的时间。正如在最优化的阶段中也提到过的那样，一旦在 IT 之中形成了现实世界的模型，并且构筑起一个模型的状况和结果不必通过组织的过滤就能够将其作为事实共享的环境，那么就可以使人才培养的 PDCA 实现高速化和高精度化。

4-5 [医疗·健康管理领域]

医疗·健康管理领域的课题

随着日本少子高龄化的发展，劳动力低下和以医疗保险为首的社会成本增加等，基本课题愈发得到世人的关注。因此，医疗·健康管理领域的课题，虽然也有经营者对事业进行维持和发展的课题，但基本来说和教育领域一样，还是应该以维持国民健康，降低社会成本为出发点来进行考量。

因为这是事关国家与社会存续的最重要的问题，所以在这一领域早就对数据进行了收集和利用，甚至连蓝图都已经存在，只不过没有被冠上 IoT 的名称而已。但是，在对个人信息的高级应用以及利用 IT 对事业进行设计等方面，仍然存在着诸多问题，IoT 在这一领域的发展并非是一帆风顺。

在将医疗·健康管理领域的 IT 利用案例放进本书提到的

蓝图之中进行整理之后就会发现，问题主要都存在于框架方面。这些作为框架要素存在的课题，一般会在对商业活动的 IoT 进行思考时，作为共通课题表现出来。

蓝图：数据化

医疗领域的数据获取，是从将用来记录医师诊断结果的诊断记录电子化，并且使其与医疗诊断数据连接起来开始的。电子化的数据比纸媒体上的数据更易于保存，而且在接待患者的时候，数据调取更迅速。如果是比较大型的综合医院，电子化的数据还能够实现各部门之间的数据共享，具有提高业务效率的作用。

由于医疗数据是患者个人的数据，所以除了提高医疗机构的业务效率，还能够带来其他的好处。比如在多家医疗机构接受诊疗的时候，医生可以通过患者的医疗数据，获取自身专业之外的观点与信息，使医生在进行诊断的时候，能够有更多的判断依据，从而更加准确地进行治疗。此外，如果数据记录的期间较长，那么医生还能够把握患者长期的病历情况，采取更适合患者实际情况的治疗方法。

医疗领域早就知道医疗信息的获取与收集所能够带来的好处，通过与 IoT 基本一致的做法，将数据收集到 IT 的世界之中，然后以商业要素（在医疗领域主要为患者）为中心，对数据进行管理，就可以通过分析和模型化，实现最优化的医疗。

通过网络收集以电子诊断记录为主的医疗信息，在医疗机构之间共享的体制被称为"电子健康记录（Electronic Health Record，EHR）"，从很早以前就已经从技术和制度层面上对其进行过探讨。顺便一提，由患者自己对个人的健康状况和检查结果相关信息进行管理的体制，被称为"个人健康记录（Personal Health Record，PHR）"。

蓝图：状态的可视化

从状态的角度来说，健康与疾病（不健康）是非常明显的状态，但从本质上来看，与生病之后再进行治疗相比，对健康进行管理以避免生病更为重要。在疾病的治疗方面，随着年龄的不断增加，老年人难免会出现疾病的状态，但如果能延缓衰老，在日常生活中对健康进行维护，则是一个比较理想的状态。

　　也就是说，在这一领域，除了去医院进行治疗的阶段，还有健康的时候对疾病进行预防的阶段，疾病尚未表现出来并不影响患者行动的阶段以及经过治疗后在家休养的阶段。而在这些阶段中通过健康管理，对是否应该进入下一个阶段做出判断（诊断）尤为重要。

　　像这样跨越多个阶段的情况，因为每个阶段相关的机构和从业者都不相同，所以能够正确理解个人处于什么状态的只有患者本人。如果能够在 IT 的世界中对个人的健康情况进行持续性的跟踪管理，那么即便医学上的诊断还是要交给医生负责，但因为 IT 能够及时地向医生提供必要的信息和建议，可以帮助患者处于更健康的状态。

蓝图：最优化

　　如果将状态大致地进行分类，可以分为健康状态、疾病状态、在家疗养三个阶段。健康状态是对将来的准备意识相对比较薄弱的阶段。因此，通过向个人提供最优化的诊断结果，可以创造一个使个人明确地认识到将来自己身上可能会发生什么，并且从健康时期开始就对数据进行管理的环境。而通过对疾病的预兆进行分析，不但可以判断身体状况是否出现恶化，还能够通过使个人时刻保持风险意识，来提供一个将个人身体状况最优化的健康维持方案。

在处于疾病状态的时候，如果能够将患者的健康数据与医疗机构时刻连接在一起，就可以制订最合适的治疗方案。就算患者前往位于与自己生活的地区完全不同的医疗机构进行治疗，数据也能够顺利地与主治医生或者急救小组连接起来。即便治疗进入长期化，因为家庭和主治医生之间的连接是持续的，所以在进入在家疗养阶段的时候，仍然能够继续沿用对患者来说最合适的医疗方案。

从少子高龄化导致社会成本提高的角度来看，病床与看护设施等医疗系与看护系的设施，肯定是供不应求的。因此，创建一个能够使患者在处于疾病状态的时候，也能够与健康状态时一样在正常生活的同时接受医疗服务的环境，是最理想的状态。这也是在家疗养阶段最重要的课题。

在家疗养的时候就算有家人看护，在使用药品的时候，专业的医疗看护系统服务也是必不可少的。但是，医务从业人员大多数都没有定期为个别患者提供服务的余力。如果医务从业人员能够基于患者的治疗和看护计划，制定出一个最优化的时间表，就可以通过最少的劳动力和成本对患者提供上门医疗服务。

蓝图：自律化

通过健康诊断等对患者数据进行更新，向患者提供能够帮助他们维持健康的信息，虽然往大了说也可以算是一种反馈，却并没有涉及具体的方案。但是如果将个人保险加入到这种反馈之中，就可以在整个社会范围内，实现半强制性的健康维持行动，而且还能够带来一定的经济效益。总之，只要个人和医疗机构能够自发地对行动进行不断改善，最终就可以达到整个社会都发挥出医疗系统功能的状态。

IoT 化的共同课题

在医疗·健康管理领域，全世界都已经对 EHR、PHR 以及地区整体医疗的构想进行过讨论，并且提出了明确的目标。但是，除了欧洲的一部分地区，日本和美国都没能在当初预定的时间内实现目标。从技术层面上来说，要想获取遗传基因信息与病例等最为重要的私人信息，必须消除患者对安全问题的顾虑。另外，在对个人信息进行管理的时候，最重要的 ID（识别号码）也存在问题。尽管在日本，每个人都有一个固定的身份号码，但关于在医疗领域是否也应该使用相同的号码这个问题还在讨论之中。

在一切与人类相关的事业之中，安全问题都是最重要的课题。而这种课题最本质的论点，就是是否存在诱使人类犯罪的要素以及犯罪造成的危害性。同样，从人类心理学的角度来说，还涉及对未来问题的近期投资与经济合理性等问题。像少子高龄化和环境保护之类的问题，虽然从某种意义上来说，要理解这些问题并不困难，但要让人类从现在开始采取相应的行动却并非易事。

如果是个人，可以通过教育使其一定程度上发生改变，但要想将企业和社会结构改变成理想中的状态，当前的合理性是必不可少的。一直以来公共投资和政府活动都是通过透支将来的社会成本来进行活动，但从当今发达国家的现状来看，政府已经无力承担如此巨大的财政负担。因此，通过 IoT 找出当前进行投资的合理性，并且将其作为理想化经济的换算尺度使其可视化，就显得尤为重要。

4-6 [灵活利用 IoT 的方法]

在第四章中，我们针对通信业、制造业、零售业、教育领域、医疗·健康管理领域这五个业种，对 IoT 的灵活利用进行了思考实验。尽管其中也有涉及具体构想的内容，但基本上都并非实际案例，只是通过思考实验的方式提示了在打算将 IoT 率先应用于自身的商业活动时，应该按照怎样的顺序进行摸索。诸位读者可以将这些内容当作课题解决的观点和对课题相似性进行整理的事例，将其应用在自身所处的业界和企业之中。

接下来让我们再次整理一下灵活利用 IoT 的蓝图。基本上来说，都可以按照数据的可视化、状态的可视化、最优化、自律化的顺序将其导入到自己的商业活动之中。

（1）数据的可视化就是将商业活动中的人、物、资金全部数据化，然后通过可视化使数据能够被进行比较，人类再通过对数据进行对比，来获得改善方案的阶段。对于还没有对数据进行获取和收集的商业活动来说，首先应该努力达到这一阶段。

（2）状态的可视化就是在将收集到的数据可视化之后，还想进一步得到商业活动改善方案的时候，对商业活动中可能存在的无用功与漏洞进行搜寻的阶段。在这一阶段中要将顾客、员工、资产、设备都处于何种状态，这种状态与事业成果之间具有怎样的关系等问题全部可视化。最终的目标则是发现这里明明存在商业机会却没有把握住的状态，以及虽然开展了商业活动，却没有取得实际成果的状态。而人类的作用，则是思考解决上述问题的对策。

（3）最优化是将商业活动模型化，然后基于模型推导出最优化的状态，半自动地向现实世界的行动做出指示的阶段。如果能够获取所有的状态，就可以同时明确实现这些状态的过程和条件。而寻找哪个状态对商业活动来说最为合适，就是由IT负责进行处理的最优化。如果能够自动或者半自动地导出实现最优状态的方法和条件，就可以对现实世界进行控制，使其实现最优状态。

（4）自律化是将最优化阶段的控制实际取得何种效果的反馈信息，作为数据重新获取、收集，最终使IT与现实世界自动实现最优化的阶段。因为自律化是 IoT 的最终阶段，所以要想达到这一阶段并非易事。但就像将多少利益相关者牵扯进来才能在自动地改变形态的同时持续地创建商业模型这个问题一样，即便在技术和各种外力关系上存在不可能的要因，还是要进行"如果没有这个问题会变成怎样"的思考实验，找出自身的商业活动目前最符合蓝图中的哪一个阶段，才是最重要的。

最后我再强调一遍，实现自律化的顺序，并不是首先找到一个自律化的技术，然后通过导入这个技术来实现自律化，正确的顺序是首先设想一个实现自律化和最优化的商业状态，然后为了实现这一状态，去寻找解决问题的技术。

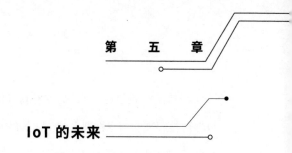

第 五 章

IoT 的未来

5-1 [通过 IoT 创建共存共荣社会的基础]

在前文中我已经为大家介绍过，IoT 就是将现实世界与 IT 世界连接起来的信息物理系统，而其最根源、最本质的概念，则与计算机和机器人等今天我们所说的"系统"这一单词的原点"控制论"相同。将现实世界的人和物的行动全部数据化，再将其输入到 IT 的世界之中，因为 IT 拥有的处理速度、信息存储量和克服空间距离障碍的能力都远远凌驾于现实世界的人类之上，所以在 IT 世界之中，可以获得现实世界无法获得的答案。

创建虚拟的"体系"

在利用 IT 和数据的先驱者零售业以及利用上游与下游的信息提高自身利益与生产效率的制造业，都有类似的案例。

图 5–1　流程模型

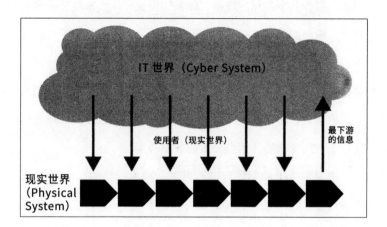

但是，这些案例都是从产地到消费地，或者从原材料到产品的流程模型，基本的思维模式，都是获取下游的信息以提高上游的工作效率。

如图 5-1 所示，通过及时地掌握需求者的信息，相关者就可以准确地对生产和调配进行准备。如果相关企业想要将这一利益与大家共享，就会积极地提供自己公司的数据，而最终的结果就是形成某种企业集团。

利用这样的流程通过 IoT 实现数据共享，就可以在现实世界看不见的地方，动态地创建出一个实现利益共享的虚拟"体系"。

但是，在对具体的应用进行思考的时候，就会出现以下的问题。尽管共享数据的虚拟"体系"企业，能够享受到一定的利益，但利益的多寡却会产生偏差。一般来说，处于能够把握下游信息位置的企业，在这一整体中处于优势地位。这一问题经常在企图对供应链和价值链进行最优化的时候出现，要想消除这种偏差，必须创建一个另行决定利益分配的体制，或者将处于下游的需求者（消费者）的数据共享。

如果用 IoT 的蓝图来进行思考，因为最终的状态是从 IT 世界对现实世界进行控制，然后将控制的结果再反馈到 IT 世界从而实现整体自律化（图 5-2），所以价值链和供应链只要形成一个循环，就可以从所有的地方获取数据并且共享。

图 5-2　实现自律化之后的状态

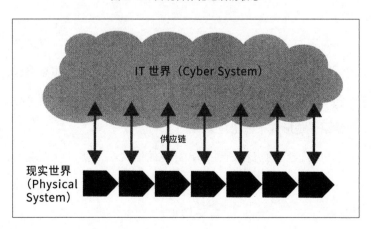

　　另外，如果稍微换一个角度来看，就像图 5-3 所示的那样，所有相关的点都向同一个地方提供数据，根据其处理结果影响现实世界的活动。由此可见，通过 IoT 将现实世界发生的现象变成数据输入到 IT 的世界之中，实现 IT 世界与现实世界之间的信息交换，就可以导出对价值链上的人和企业来说都绝对公平的条件。这就像第四章中提到过的拍卖和逆向拍卖之间的关系，只不过在这里，是由 IT 的世界来担任市场的角色。

图 5-3　IOT 影响现实世界

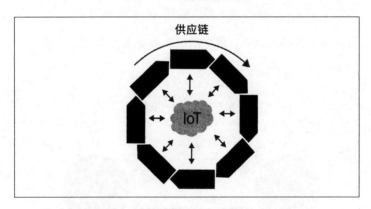

从属于体系可以使事业继续下去

　　通过 IoT，可以使连接起来的企业和个人都获得公平的交易条件，也就是说，通过由 IoT 连接起来的真实社会与 IT 世界的共同作业，不但能够使利益得到提高，还可以提出一个对参加者来说都十分公平的条件，使得参加企业只要从属于这一体系，就能够在某种程度上使事业继续下去。

为了便于大家具体思考，请看下面这个例子。首先让我们设想一个基本没有其他选择的交易情况。在图 5-4 之中，假设 A 是商品提供方，B 是消费者群体。在这种一对一交易的情况下，如果 A 提供的商品对消费者来说没有吸引力，那么 B 的购买量就会下降，结果 A 因为商品销量不佳，开始考虑缩小事业版图。这样一来 A 提供的商品就更没有吸引力了，B 的购买欲望也越来越低。最终的结果就是 A 与 B 之间产生一种恶性循环，直到二者解除关系。

图 5-4　一对一交易

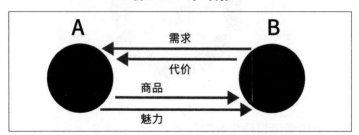

此时让我们再假设一个第三方 C（图 5-5）。C 原本是与 B 有其他交易关系的相关者。比如，C 向 B 提供智能手机的应用程序或服务，同时能够掌握 B 对 A 所提供的商品的需求。如果 C

将 B 的需求告诉 A，A 将自己的条件告诉 C，C 再去劝说 B 继续

购买 A 的商品，就可以在 A 和 B 之间形成一个妥协点。如果 A

和 B 能够根据这个妥协点重新形成交易关系，那么 A 和 B 就可

以通过向 C 提供信息来摆脱仅凭自身判断所导致的恶性循环。

图 5-5　存在中介业者的交易

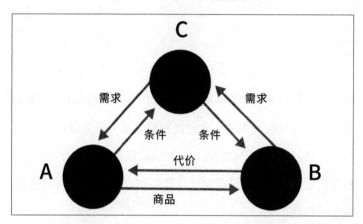

在 IoT 提供的终极体制之中，公平的利益分配是必不可少

的，如果能够积极地利用这一机能，那么所有参加由 IoT 提供

的 IT 世界的个人和企业，都能够共享"共生的社会"。

目前，IoT 将商业活动所需的数据导入 IT 的世界，通过

对数据进行分析和最优化，提高商业活动效率的一面已经得到

了普及，如果 IoT 服务的对象进一步扩大，那么其最终必将成

为能够使所有参加者都共存共荣的社会基础。

5-2 [IoT 如何改变问题重重的日本]

如果将 IoT 看作是形成共生社会的基础，那么 IoT 将如何改变问题重重的日本呢？首先让我们思考一下高龄化的问题。尽管在高龄化比较严重的地区，对食品以及日用品的需求是必然存在的，但在当地只销售这些商品的店铺，却很难保证获得充足的利益。

在这种情况下，提供上门护理以及其他日常生活中必不可少的服务的企业和个人，就可以在提供自己主营业务的同时，提供食品以及日用品的销售服务。虽然现在也有代购服务，但这种服务比代购更进一步，不但可以向销售店铺提供日用品的需求预订和消费趋势等数据和分析结果，还因为知道消费者会在什么时候购买多少数量的什么商品，从而便于对价格进行打折之类的调整。也就是说，在日常生活中必不可少的服务商品中，增加数据收集、交换以及预测分析的机能，从而在商品提供者和需求者之间，创造出价格交涉与条件交涉的机会。

地域交通的问题

同样的问题也出现在日本的地区交通上。有些偏远地区的交通工具使用率较低，所以铁路被长途公交取代，如果长途公交的运营也入不敷出，就要考虑实施公交预约制和出租车拼车制。实行交通工具预约制之后，因为交通工具只在有需求的情况下才运转，从这个意义上来说，这个制度非常有效率，但成功的例子却十分少见。阻碍其成功的最大因素，就是尽管预约可以通过电话或者网络来进行，却仍然需要由人对车辆进行安排管理，所以固定的人工费是必不可少的。虽然现在技术人员已经开始着力解决自动对车辆进行安排的技术问题，但最终还有一个问题无法解决，那就是必须为了输送极少数的人而特意准备司机和汽车。

在一些小城市之中，人们对私家车的依赖性很大，但现在以私家车作为主要代步工具的这一代人，很快就会因为老龄化而改为依赖公共交通工具。如果以需求减少、成本过高为理由削减交通工具，就无法在民众需要的时候提供足够的交通工具。最理想的状态，是能够拥有一个线路灵活、随叫随到而且费用还不高的交通工具。

要想实现这个状态，可以在向民众提供生活信息的政府部门的官方网站上，增设一个申请预约型交通的功能，在民众输入自己的代步需求时，这个系统就会将现在正在行驶中的车辆位置和路线计划都输入 IT 的世界中。在 IT 的世界中，可以对运行路线和时间进行最优化的计算。而费用则可以根据具体的情况，来进行动态的调整。

另外，如果将目前的代步需求与移动计划向所有民众公开，民众就可以根据自身的情况，选择更适合自己的时间和地点来搭乘交通工具，甚至还可以通过拥有相同条件的乘客组团，从而实现提早出发。因为 IoT 可以不受现实世界的距离与时间的制约进行处理，所以那些仅凭自然的供需平衡难以为继的交易关系，能够在 IoT 的帮助下继续维持下去。

利用 IoT 保护环境

从整个地球的角度来说，因为地球整体可以看作是一个封闭的环境，所以也可以将其看作是一个偏远的小城市。由于全球气候变暖和地球资源枯竭等问题日趋严峻，所以可再生能源的开发与利用成为全球各国都在研究的问题。随着电力自由化的推行，很多民众甚至开始以发电能源作为选择电力公司的理由。但是，像这种能源问题就和曾经的大气污染等公害问题一样，即便知道将来肯定会造成危害，政府仍然为了发展经济而对这些问题置之不理，这也是环境面临的最基本的课题。换句话说，由于将来的危害和社会成本作为当下的问题并没有实现可视化，所以难以对其进行评价，这也是造成这些问题得不到重视的原因之一。

一般来说，生产设备用于治理环境和对技术进行开发，都需要巨大的投资。因此，就算所有人都达成一致的意见即"有必要对环境问题进行投资"，但想要实际进行投资却很难，最终只会落得一旦问题出现之后才开始真正地采取对策，如此被动地解决问题。

从 IoT 的观点来看，在数据可视化和状态可视化的意义上，为了能够客观地了解各国、各企业都在进行哪些行动，而它们将来又会对地球环境造成哪些负面的影响，首先应该实现指标化。这样就可以使将来的问题变成现在的问题。

然而，在没有出现具体问题的阶段，确实难以展开具体的行动。比如从提前承担未来社会成本的角度来说，政府可以对造成污染的企业征收罚金。但是由于未来的情况会随着时间的推移不断地变化，所以要想从时间和量化的角度对罚金做出合理的解释相当困难。在最坏的情况下，可能会因为事前采取的措施不当，导致问题真正出现后造成更加严重的损失。

IoT 的终极形态，就是在 IT 的世界创造出一个现实世界的镜像，将现实世界应该采取的行动最优化之后输出出来，向现实世界提示经过仔细分析之后的结果。通过这种机能，可以在 IT 的世界中，模拟计算出解决问题所需的成本，然后与现在的成本负担进行比较。如果能够用现在的成本负担将来的问题，就可以减免将来的社会成本。比如企业采取了多种环境保护的措施，那么政府可以向其提供减免税金之类的鼓励政策。反之，如果不愿承担现在的责任，就会增加未来的社会成本负担。也就是说，应该建立一个将未来的问题放进现在的商业活动之中的体制。

要想实现这一点，除了需要一个能够使其在日常的经济

活动之中反映出来的体制，还需要通过公正的手段，将现在
亟须解决的未来问题可视化。另外，不管国家和企业在环境
问题上的贡献度是高还是低，都应该将其贡献度时刻公布给
所有的利益相关者，这样更有助于公平地解决共通的社会
课题。

永动的循环

在思考 IoT 的实际应用时，最重要的一点，就是在提供数
据并且共享的关系者之间，形成一个封闭的价值链。在前面提
到过的 A、B、C 的例子当中，A 向 B 提供商品的时候，如果
想从 B 那里获得需求信息，就必须向 B 提供折扣或者优惠券
作为交换。B 要想从 C 那里获得基本服务，就必须与 C 签订
合约。B 和 C 有了这层关系，C 就可以向 A 提供电子商务站
点的使用权。

这样一来，A、B、C 之间就形成了相互依存的利害关系，
只要没有太大的波动，这种关系就能够一直坚固地维持下去。
像这样创建一种封闭的利害关系，是成功利用 IoT 的关键。俗
话说"大雨一下，雨伞涨价"，如果能够将"雨伞涨价就下

雨"这一商业要素加入到价值链之中，就可以形成一个永动的循环。

这样的基础一旦确立下来，就可以通过 IoT 找出"赚钱的条件是什么"。同时也不会出现明知道会给未来造成负担，根据目前的价值观却不采取任何对策，任凭其给未来留下巨大的社会成本负担之类的情况。总之，这就是 IoT 作为封闭社会中共存共荣的社会基础所追求的方向。

后 记

　　笔者在学生时代学习机械与电子技术，在工作时期负责设计与开发。当时日本正处于经济高速增长的时期，企业在产品的性能和功能上不断地进行竞争，为了能够在竞争中获胜，不断地对新技术进行研究与开发。所有人都对新的关键词十分关注，因为那是一个只要掌握了新技术，就能够在竞争中占据优势地位的时代。然而经过 20 多年的低成长期，性能与技术上的优势不再直接关系到商业活动的成败，人们终于开始重新认真地审视技术与经营、技术与工程之间的关系。

　　对于高性能的 IT 来说，只要这种性能是有必要的，那么性能上的优势必然关系到商业活动的优势。但是，对性能有持续需求的领域是很有限的，在绝大多数的领域之中，对性能的需求就是够用就好。在这样的领域，尽管提高技术水准确实能够实现差异化，但仅凭这一点，无法使商业活动得到提高，还是需要从数量上扩大市场才行。最终的结果就是在全球范围内，拥有市场的大型企业都形成了垄断，而除此之外的其他企业则都将被淘汰。然而更讽刺的是，企业越是热衷于技术开发的竞争，出现这一结果的速度就越快。

也正因为如此，本书的内容尽量避免以理科的技术论为主，但在本书的最后，为了让内容更加清晰，请允许我用理科的方法对书中的内容进行一下总结。曾经有一段时期，技术是推动经济发展的主要力量，但这种现象并不是永远持续的，正如前文中所说的那样，当技术满足了一定程度的需求之后，人们便不再追求更高的技术。如果用图表来表示，就是图 A 之中的实线部分。在图 A 中，横轴表示时间，纵轴表示用来决定技术优劣的比较尺度。实线最初的上升比较缓慢，随着技术开发竞争的激化，技术数值也开始迅速增长，但达到一定程度之后，因为满足了世人的需求，所以便没有继续增长的必要了。

图 A　技术成长与流行的关系

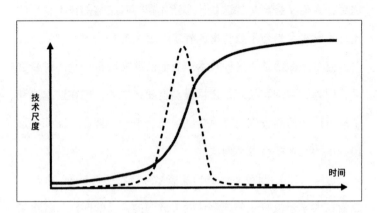

实际上，这条曲线就是逻辑斯蒂方程的解曲线，原本的微分方程是用来表示生物种群将会如何成长的公式，即虽然生物的繁殖与生物数量成比例关系，但在特定的环境下生息的生物种群的个体数却是有极限的，其数量越接近这个极限值，繁殖的比例就越小。将实线曲线用微分进行计算之后，得出的结果就是图 A 之中的虚线。因为是微分，所以在急速成长的时期数值会变大，而在之前和之后的数值则会变小。

让我们再回到技术与商业活动的关系上，最近 IT 关键词的热潮就和这条微分曲线很相似。也就是在平稳发展一段时间之后，忽然在某一个时间点上突然爆发，而在热潮过后又趋于平稳。如果技术论是在高度成长期得到展开，那么技术就会接连不断地取得进步，人们也会争先恐后地追捧，但当热潮退去之后，人们又会产生"这是什么让人摸不着头脑的技术，果然流行不起来，当初不赶时髦就好了"之类的想法。

但是，即便基于这种技术的商业活动在取得一定的进步之后，因为达到饱和状态，技术热潮也随之退去，但在这次热潮中取得成功的商务人士，将会继续前往下一个舞台，而那些选择旁观的人则终将遭到淘汰。

近年来IT关键词（keyword）又被称为"噱头词（buzzword）"，因为在大家还没有充分理解这些关键词的含义的时候，其热潮就已经过去了。但很多人都对新技术有误解，认为新技术一定会带了某些固定的东西，并且认为应该将这些东西和技术一起继续发展下去，但在笔者看来，对于已经到达饱和期的商业活动，就没有再进行技术开发的必要了。那些遥遥领先的前方集团，为了使革新能够持续下去，都对商品和技术有生命周期这一事实持积极接受的态度。在生命周期中努力寻找和把握商机，在生命周期结束后，便不会固执地继续进行投资，而是迈向新的商业活动舞台，思考下一次的行动，我认为这种动态的商业计划是必不可少的。

出于上述原因，本书尽量回避技术层面上的"IoT 定义"，回归到计算机和机器人诞生之前的系统工程学所追求的目标这一原点，不去追究以当前的技术是否能够实现，只给诸位读者提示在新的热潮来临之时，将其应用在自身商业活动之中的思考方法。希望在所有人都搞清楚 IoT 究竟是什么的时候，诸位的商业活动已经走向下一个舞台。这就是本书最大的作用。

日经 BP 社日经 Computer 副编辑长兼网络事业制作人松山贵之氏对我说"希望能有一本让文科系的商务人士也能看懂 IoT 的解说书"。虽然笔者一直以来都从事以技术为主的工作，但也深知仅凭技术无法正确地理解商业活动，并且对在新的技术关键词出现的时候，立刻从学习技术开始的思考方法抱有疑问。因此我接受了松山贵之氏的企划提案，为了将自己的经验和想法传达给世人而创作了这本书。

本书的思考实验参考了在日本工学院大学以"通过 IT 解决社会课题"作为毕业研究的经营信息系统研究室学生们的探讨结果。最后请允许我向他们表示衷心的感谢。